国家能源集团典型示范案例 综合能源系列

固体废弃物掺烧

张世山◎主编

中国石化出版社
·北京·

图书在版编目（CIP）数据

固体废弃物掺烧 / 张世山主编 . —北京：中国石化出版社，2025.1. —（国家能源集团典型示范案例综合能源系列）. —ISBN 978-7-5114-7846-7

Ⅰ. TM621.2

中国国家版本馆 CIP 数据核字第 2025VQ3189 号

中国石化出版社出版发行

地址：北京市东城区安定门外大街 58 号

邮编：100011　电话：（010）57512500

发行部电话：（010）57512575

http：//www.sinopec-press.com

E-mail：press@sinopec.com

宝蕾元仁浩（天津）印刷有限公司印刷

全国各地新华书店经销

*

710 毫米 ×1000 毫米 16 开本 5.25 印张 88 千字

2025 年 1 月第 1 版　2025 年 1 月第 1 次印刷

定价：48.00 元

编委会

引 言

PREFACE

为深入贯彻落实习近平生态文明思想，积极推动传统能源清洁转型和碳达峰碳中和工作，落实全国生态环境保护大会精神，助力“无废城市”建设，国家能源投资集团有限责任公司（以下简称国家能源集团）积极申请“无废集团”建设试点工作，致力于打造固废处置、污染防治的示范样板工程，发挥减污降碳、协同创效、绿色发展的综合效应。

大型煤电机组耦合固体废弃物掺烧技术可以有效解决城市固废处置问题，处置效率高、对环境更加友好，可实现固废热值再利用，减少了化石燃料的使用量，对社会发展及生态文明建设具有积极的意义，值得推广应用。近年来，越来越多的能源企业布局“火电 +”固废耦合发电技术和市场，贯彻创新、协调、绿色、开放、共享的新发展理念，推进能源科技创新，助力“无废城市”建设。污泥、农林废弃物、蔬菜废弃物以及畜禽养殖粪污作为城市固废，与大型燃煤电厂协同处理技术是在我国节能减排政策作用下的产物，既推动了燃煤电厂向融入“无废城市”的生态共享型电厂转型，又能实现固废的无害化、减量化、稳定化和资源化利用。

本书介绍了大型煤电机组耦合固体废弃物掺烧的政策背景、技术路线、商业模式等内容，并精选了相关工程案例，以期为集团内固废污染防治项目提供借鉴和帮助，推动集团内相关技术发展及应用。

目录

CONTENTS

第一章
固体废弃物掺烧技术行业背景

一、政策文件

“十三五”以来，国家密集发布一系列支持燃煤耦合生物质发电的政策文件，积极鼓励相关技术的研发，也高度关注相关试点工程的发展状况，为今后燃煤耦合固废发电产业的发展指出了很好的方向。2017 年，国家能源局和环境保护部联合印发了《关于开展燃煤耦合生物质发电技改试点工作的通知》（国能发电力〔2017〕75 号），提出要大力支持生物质耦合发电试点项目的发展以及相关方向的科技研究，同时确定了 84 家试点单位，其中 82 家为协同处理农林生物质和生活污泥，2 家为协同处理生活垃圾。2021 年，政府发布的《“十四五”生物经济发展规划》要求加大生物质能源开发利用力度，推进生物质资源综合利用产业化进程，到 2025 年，生物质能源总消费量达到 1.8×10^8 t 标准煤，生物质能源占可再生能源总消费量的比重提高到 14.5% 以上。同年，生态环境部等 18 部门联合印发《“十四五”时期“无废城市”建设工作方案》，推动 100 个左右地级及以上城市开展“无废城市”建设，鼓励利用水泥窑、燃煤锅炉等协同处置固体废物。在多项政策的扶持下，目前全国各地已经启动了大量的燃煤与农林生物质及污泥耦合发电的试点项目。2024 年 6 月，国家发展改革委、国家能源局联合印发的《煤电低碳化改造建设行动方案（2024—2027 年）》中，将“生物质掺烧”列为煤电低碳化改造和建设的首要方式，提出利用农林废弃物、沙生植物、能源植物等生物质资源，实施煤电机组耦合生物质发电，改造建设后煤电机组应具备掺烧 10% 以上生物质燃料能力，燃煤消耗和碳排放水平显著降低。

在“碳达峰碳中和”背景下，燃煤电厂耦合生物质发电是优化能源资源配置、破解污染治理难题、促进生态文明建设、推动经济社会绿色发展的有力举措，对于实现“碳达峰碳中和”目标，具有重要的意义。主要政策汇总如下。

（一）国家政策支持

2021 年 2 月 22 日，《国务院关于加快建立健全绿色低碳循环发展经济体系的指导意见》（国发〔2021〕4 号）指出，要加快建设污泥无害化资源化处置设施，因地制宜布局污水资源化利用设施。

2021年3月,《中华人民共和国国民经济和社会发展第十四个五年规划和2035年远景目标纲要》全文发布。规划提出，推进城镇污水管网全覆盖，开展污水处理差别化精准提标，推广污泥集中焚烧无害化处理，城市污泥无害化处置率达到90%。

2021年3月18日，国家发展改革委等10部门联合印发《关于“十四五”大宗固体废弃物综合利用的指导意见》(发改环资〔2021〕381号)，要求进一步提升大宗固废综合利用水平，全面提高资源利用效率，推动生态文明建设，促进高质量发展。

2021年6月6日，国家发展改革委、住房城乡建设部印发《“十四五”城镇污水处理及资源化利用发展规划》(发改环资〔2021〕827号)，规划提出破解污泥处置难点，实现无害化推进资源化，到2025年，城市污泥无害化处置率达到90%以上。

2021年10月24日，国务院印发《2030年前碳达峰行动方案》，提出“因地制宜发展生物质发电、生物质能清洁供暖和生物天然气”。

2021年11月2日《中共中央、国务院关于深入打好污染防治攻坚战的意见》要求，稳步推进“无废城市”建设。健全“无废城市”建设相关制度、技术、市场、监管体系，推进城市固体废物精细化管理。“十四五”时期，推进100个左右地级及以上城市开展“无废城市”建设，鼓励有条件的省份全域推进“无废城市”建设。

2022年1月25日，生态环境部《重点流域水生态环境保护规划(2021—2025年)》编制完成，规划中提出全面推进县级及以上城市污泥处置设施建设。土地资源紧缺的大中型城市推广采用“生物质利用+焚烧”“干化+土地利用”等模式。推广污泥焚烧灰渣建材化利用。到2025年，城市和县城污泥无害化、资源化利用水平进一步提升，城市污泥无害化处理处置率达到90%以上。

2022年1月27日，工业和信息化部等8部门联合印发《关于加快推动工业资源综合利用的实施方案》(工信部联节〔2022〕9号)，方案中提出推动工业装置协同处理城镇固废。加快工业装置协同处置技术升级改造，支持水泥、钢铁、火电等工业窑炉以及炼油、煤气化、烧碱等石化、化工装置协同处置固体废物。在符合安全环保等前提下，依托现有设备装置基础，因地制宜建设改造一批工业设施协同处理生活垃圾、市政污泥、危险废物、医疗废物等项目，探索形成工业窑炉协同处置固废技术路径及商业模式。

2022 年 6 月 1 日，国家发展改革委、国家能源局等 9 部门联合印发《“十四五”可再生能源发展规划》，规划提出稳步推进生物质能多元化开发，稳步发展生物质发电，加快发展生物天然气，积极发展生物质能清洁供暖，大力发展非粮生物质液体燃料。

2022 年 9 月 22 日，国家发展改革委、住房城乡建设部、生态环境部发布《污泥无害化处理和资源化利用实施方案》（发改环资〔2022〕1453 号），方案中提出：有序推进污泥焚烧处理。有效利用本地垃圾焚烧厂、火力发电厂、水泥窑等窑炉处理能力，协同焚烧处置污泥，同时做好相关窑炉检修、停产时的污泥处理预案和替代方案。

2023 年 11 月 29 日，国家发展改革委、市场监管总局、工业和信息化部、生态环境部、国家能源局联合印发了《锅炉绿色低碳高质量发展行动方案》，其中指出积极推进大型燃煤发电锅炉掺烧农林废弃物等耦合生物质燃烧技术改造，在做到超低排放、环境和安全风险可控前提下，探索利用大型燃煤发电锅炉协同处置大宗单一类别固体废弃物。

（二）地方政策支持

1. 山东省

2021 年，山东省发展和改革委员会、山东省能源局发布《关于做好大型燃煤机组耦合生物质发电相关工作的通知》（鲁发改能源〔2021〕32 号），通知中明确单机容量不小于 30×10^4 kW 的公用煤电机组，且生物质耦合比例以热量计不低于 3.5%，当年每消纳 1×10^4 t 生物质燃料（按 3 500 kcal 热值折算），次年给予 78 h 优先发电量计划奖励，年累计奖励最高不超过 750 h，时间暂定 5 年。

2. 浙江省

2021 年 12 月 10 日，绍兴市环保服务经济高质量发展工作领导小组办公室发布关于印发《绍兴市环保产业“十四五”发展规划》的通知，指出重点发展固体废物减量化技术产品、资源化技术产品、无害化技术产品，污泥耦合煤电高效发电装置等设备。

3. 安徽省

2022 年 3 月 15 日，安徽省生态环境厅发布关于印发《安徽省“十四五”重点流域水生态环境保护规划》的通知，根据规划，实施城市污水系统提质增效行动，建成西部新城污水处理厂等一批污水处理设施，协同推进污泥处理设施建设，到 2025 年污水处理能力达 340×10^4 t/d。

4. 江苏省

2022 年 1 月 11 日，苏州市人民政府办公室印发《苏州市“十四五”生态环境保护规划》，规划中提出加强污泥处理处置，统筹建设污水厂污泥综合利用或永久性处理处置设施，同步建设管网清疏污泥综合利用或处理设施，推进污泥无害化处置。

5. 四川省

2021 年 1 月，四川省人民政府办公厅印发《四川省城镇生活污水和城乡生活垃圾处理设施建设三年推进总体方案（2021—2023 年）》，加大生活污水收集管网配套建设和改造力度，促进生活污水资源化利用，推进污泥无害化资源化处理处置。城市污泥无害化处置率和资源化利用率进一步提高，力争地级以上城市污泥无害化处置率达 92%、县级城市达 85%；缺水地区和水环境敏感区域污水资源化利用水平明显提升。

2021 年 9 月，四川省住房和城乡建设厅印发《四川省城镇生活污水处理厂污泥处理处置技术指引（试行）》（川建城建函〔2021〕1228 号），从污泥处理处置规划和建设、污泥处置方式技术路线、污泥处理单元技术路线、污泥运输和储存、污泥处理处置安全运行与监管、污泥处理处置保障措施等方面进行详细介绍。其中在污泥处置方式技术路线中明确“鼓励污泥作为低质燃料在火力发电厂焚烧炉、水泥窑或砖窑中混合焚烧”。

2022 年 6 月 9 日，四川省第十三届人民代表大会常务委员会第三十五次会议表决通过了《四川省固体废物污染环境防治条例（修订）》，指出产生污泥的单位应当按照国家和省有关规定对其产生的污泥进行无害化处置和资源化利用。不具备无害化处置能力的污泥产生单位应当对其产生的污泥进行脱水处理和稳定化处理。污泥经稳定化处理达标后，污泥产生单位应当委托具备相应能力的企业进行处置和利用，防止污染环境。

6. 重庆市

重庆市发展和改革委员会印发《重庆市污水资源化利用实施方案（征求意见稿）》，方案明确目标：充分挖掘污泥资源化利用潜力，提高污泥资源化利用率。推进一批污泥无害化资源化利用工程，提升污泥无害化处置及资源化利用能力。到 2025 年，全市城市污水厂污泥无害化处置率达到 97% 以上，其中中心城区城市污水厂污泥无害化处置率达 100%。

2022 年 2 月 21 日，重庆市住房和城乡建设委员会发布关于印发《重庆市城镇生活污泥无害化处置“十四五”规划（2021—2025 年）》的通知，规划中明确“十四五”期间，重庆城市污泥无害化处置率基本达到 100%，乡镇处置率基本达到 80%，构建源头减量、场区暂存、区域调度、应急保障的污泥处置韧性系统。

7. 福建省

2021 年 6 月 17 日，福建省人民政府办公厅印发《福建省农村生活污水提升治理五年行动计划（2021—2025 年）》，鼓励以县为单位探索污泥处置模式，合理布局污泥集中收集处置中心，开展污泥与秸秆综合利用等。

《福建省水污染防治条例》，自 2021 年 11 月 1 日起施行。要求污水处理单位或者污泥处理处置单位应当安全处理污泥，保证处理处置后的污泥符合国家有关标准，并对去向、用途、用量等进行跟踪、记录，防止二次污染。

8. 广东省

2022 年 1 月 10 日，广东省住房和城乡建设厅印发《广东省城镇生活污水处理“十四五”规划》，明确推进污水资源化利用和污泥无害化资源化处理处置，到 2035 年，全省城市生活污水收集管网基本全覆盖，城镇污水处理能力全覆盖，全面实现污泥无害化处置，污水污泥资源化利用水平显著提升。

2021 年 7 月 21 日，广东省惠州市住房和城乡建设局印发《惠州市生活污泥处置能力保障工作方案》，明确从 2023 年起本市生活污泥处理处置能力满足本市需求。全面完成污泥干化焚烧能力建设，解决本市污泥处理处置能力不足问题，确保本市所有生活污泥均在本市内干化焚烧处置。

9. 北京市

2022 年 3 月 3 日，北京市人民政府印发《北京市“十四五”时期重大基础设施发展规划》，提出到 2025 年，污泥本地资源化利用水平进一步提升，全市污水处理率达到 95%，污泥基本实现无害化处理。

10. 湖北省

2021 年 11 月 19 日，武汉市生态环境局发布《武汉市“十四五”土壤生态环境保护规划（征求意见稿）》，规划提出，加大污泥监管力度。加大对污水处理厂污泥产生、转移、处理处置全过程的环境监管力度，有效防范污泥环境风险，努力实现无害化、减量化、资源化处置。“十四五”期间加快建设武汉市水体淤泥处置工程、前川污泥处置厂、青山热电厂污泥处置项目。到 2030 年污泥无害化处理处置率稳定保持在 100%。

2021 年 11 月 26 日，湖北省发展和改革委员会发布关于印发《湖北省长江经济带绿色发展“十四五”规划》的通知。规划提出，加快建设污泥无害化资源化处置设施，实现污泥的“减量化、无害化、稳定化、资源化”处理处置。

11. 上海市

2021 年 11 月 16 日，上海市水务局发布《上海市排水“十四五”规划》，规划中指出，结合污水处理厂新建、扩建项目，同步实施污泥干化工程，完成各区污泥独立焚烧或与垃圾系统焚烧设施建设，推进燃煤电厂污泥掺烧，至“十四五”末，新增污泥处理规模约 364 t 干基 /d，总规模约 1 840 t 干基 /d。

12. 河北省

2022 年 1 月 26 日，河北省住房和城乡建设厅与河北省生态环境厅联合印发关于《进一步规范城市污水处理厂污泥处理处置工作方案》的通知（冀建城建〔2022〕1 号），在科学选择处理处置工艺方面指出，各地结合实际，选择经济可行、工艺稳定的无害化处理处置方式。周边建有热电厂、水泥窑的区域，可优先考虑采用协同焚烧技术处置污泥。鼓励相邻地区共享污泥处理处置设施，提高设施运行效率。

从河北省住房和城乡建设厅官网得到消息，2022年，河北省将建成17座生活垃圾焚烧处理设施，同步关停剩余的22座生活垃圾填埋场，实现城乡生活垃圾焚烧处理全覆盖。完成全省126座生活垃圾填埋场治理工作，实现所有生活垃圾填埋场关停并科学完成治理，严防污染地下水，全面构建“工艺先进、布局合理、全面覆盖”的生活垃圾焚烧处理体系，推动全省生活垃圾处理从“填埋”到“绿色焚烧”的变革。各地按照“能关即关”的原则，按照明确的时间节点，加快关停生活垃圾填埋场。凡周边垃圾焚烧设施有余量的，生活垃圾一律焚烧处理，填埋场全部关停，无余量的抓紧推进在建项目投产，并在投产后关停相应填埋场。各地定期对生活垃圾填埋场关停情况进行“回头看”，除应急处理和填埋飞灰外，不再使用生活垃圾填埋场。

2021年11月，邯郸市城市管理综合行政执法局发布关于印发《邯郸市城镇污水处理及再生水利用设施建设“十四五”规划》的函，鼓励集中建设污泥处置设施，鼓励利用垃圾电厂、水泥厂、热电厂等窑炉开展污泥协同焚烧处置，政府应给予相应的补贴。

（三）国家能源集团政策支持

2024年，国家能源集团获得“无废集团”建设试点正式批复，将“无废集团”建设试点与“无废城市”建设工作高效协同、融合推进，汇总了固废处置相关政策协调需求、先行先试企业、重点推进项目等内容，提出要深入推进燃煤电站协同处理城镇固废，固废年协同处理能力达到百万吨级，着力打造有国家能源集团特色的“无废集团”。

2021年6月10日，国家能源集团印发《国家能源集团关于支持综合能源产业发展的指导意见》，提出全力开拓各类能源产品与服务，打造10个以上“以电为中心、辐射周边”的“发电+”综合能源供应体；全面实现火电机组电、热、冷、气、水、固废等产品多联供；支持提供垃圾、污泥、废弃物、生物质等掺烧处置服务；推广常州电厂掺烧污泥的综合能源发展经验；青山、惠州等电厂加快提升城市固废协同处置能力；发挥科环集团及所属龙源环保等专业化公司作用，加强综合能源技术咨询与服务，提高综合能源项目开发成功率，实现综合能源产业高质量发展。

2024 年 9 月，国家能源集团根据国家发展改革委《煤电低碳化改造建设行动方案（2024—2027 年）》发布了《国家能源集团煤电低碳化改造建设实施方案（2024—2027 年）》，实施方案中提出创新生物质利用合作新模式（厂内煤机掺烧 + 独立收储运体系），扩大现有生物质示范项目的掺烧能力等要求。

二、开展燃煤耦合固体废弃物掺烧业务的必要性

“走绿色低碳发展道路”，是新时期习近平总书记对能源产业作出的重要指示，如何走好这条新时期赶考路，助力“双循环”新发展格局加快构建，促进“双碳”目标早日达成，更显意义重大。

依据我国新型城镇化规划布局要求，城市建设需全面融入生态文明理念，着力推进绿色发展、循环发展、低碳发展，可充分利用大型燃煤锅炉的高燃烧效率、高煤电转化比、清洁烟气处理设施等优势，以固废协同无害化资源化处理形式，实现城市区域碳减排和碳中和的目标，同时助力结合城市生态文明建设，转型为城市基础设施，在保障清洁煤电供应“动脉”基础上，兼备城市废物“静脉”消纳回收处置功能，通过工程示范，形成可持续、可复制的推广模式，扫除阻碍城市生态文明建设的城市典型固废这一“绊脚石”，支撑无废城市纵深发展。

（一）贯彻国家地方政策要求

2021 年以来，国家发展改革委、生态环境部等国家有关部委密集出台了《关于“十四五”大宗固体废弃物综合利用的指导意见》《“十四五”时期“无废城市”建设工作方案》等一系列固废综合利用政策，对固废治理提出了明确要求，国家能源集团落实政策要求责无旁贷。

（二）补齐产业绿色发展短板的紧迫需求

迫切需要进一步加强固废合规处置及资源化利用，使生态环境薄弱、敏感区

域内的产业发展与属地资源环境承载力相适应，实现国家能源集团低碳绿色高质量发展，助力打造绿色发展高地，推动区域经济高质量发展。

（三）国家能源集团建设“无废集团”的内在需求

开展燃煤电厂协同处理固废，能够显著提升社会源固废减量化、资源化水平，提高固废利用处置和风险防范能力，协同满足“无废城市”的固废处置需求，实现减污降碳、协同增效。深入践行清洁化、低碳化的发展战略，有力支撑国家能源集团建设“世界一流示范企业”，为建设美丽中国贡献央企力量。

第二章

固体废弃物掺烧技术介绍

一、技术简介

“火电＋固废处置”优势：传统固体废物处置方式存在占地面积大、投资高、运行费用高、易产生二次污染等缺点。相对而言，燃煤电厂具有超过 1 400 ℃的高温环境，而且燃煤电厂具有全球最高控制排放指标的污染物控制装备，可以有效控制污染物排放。由于大型火电厂燃煤量巨大，而用于处置的多元固体废弃物相对燃煤占比较小，因此对电厂的影响完全在可控范围之内；燃煤电站协同处置技术更接近无害化、减量化、资源化，与现有其他独立处置工艺比较具有明显技术、经济优势，同时发挥协同效应降低城市固废处置过程中总的能源消耗，降低区域碳减排强度，为区域碳达峰碳中和贡献力量。

建设成本优势：

一是依托大型燃煤电厂 92% 以上热效率的焚烧锅炉协同焚烧；二是均完成烟气超低排放改造，环保设施属于国际一流，不需要单独建设；三是协同处置仅需增设干化等预处置设施，成本只有独立焚烧的一半。

运行成本优势：

一是固废处置过程中，不需要额外添加煤、天然气等能源，焚烧成本较低；二是固废焚烧产生的灰进入电厂粉煤灰和灰渣，可作为建材进行综合利用；三是干化等预处置系统工艺简单，运行人员和检修成本费用低。

环保优势：

一是固废完全焚烧，没有二次污染问题；二是没有危废产生，不需要再建设危废处置设施及配套危废存储场地。

城市及园区典型固废为：采矿废石、选矿尾矿、燃料废渣、污泥、化工生产及冶炼废渣的固体废物、城市生活垃圾以及含农作物秸秆的农业废弃物。目前，国家能源集团已经充分掌握污泥处置、油泥处置、药渣处置、生物质气化耦合、生物质掺烧等 6 个方向技术，燃煤电厂协同处理固体废弃物技术名录见表 2.1，具体内容如下。

表 2.1 燃煤电厂协同处理固体废弃物技术名录

序号	技术名称	工艺路线	核心设备	主要技术指标	成本估算	适用范围
1	燃煤电厂协同处理污泥均混耦合掺烧技术	将含水率 20%~80% 的污泥通过输送设备输送至输煤皮带、原煤斗或给煤机与原煤掺混，送至锅炉炉膛中焚烧发电	螺杆泵、刮板机	进料含水率 20%~40%，掺烧比例 <10%，进料含水率 40%~60%，掺烧比例 <8%，进料含水率 60%~80%，掺烧比例 <5%，污泥直接掺混原煤焚烧。该技术物料减量化率大于 90%，产生的约 10% 灰渣随电厂粉煤灰综合利用，无废水产生，无二次污染	投资 8 万 ~10 万元 /t 泥（日处理量），污泥处理价 150~200 元 /t	适用于市政污泥、工业污泥、河道淤泥、水基钻屑、药渣、土壤等其他固废
2	燃煤电厂协同处理污泥干化焚烧技术	将含水率 60%~80% 的污泥经干化机脱水后由输送设备输送至输煤皮带与原煤掺混，送至锅炉炉膛中焚烧处理	干化机、换热器、输送设备、防堵干泥仓	进料含水率 60%~80%，出料含水率 30%~40%，呈粉末状态，可直接掺混原煤焚烧，干化后掺烧比例 <10%。该技术物料减量化率大于 90%，产生的约 10% 灰渣随电厂粉煤灰综合利用，冷凝废水处理后达标排放，无二次污染	投资 20 万 ~30 万元 /t 泥（日处理量），污泥处理价 300~400 元 /t	适用于市政污泥、工业污泥、河道淤泥、药渣等其他固废
3	燃煤电厂协同处理生物质气化焚烧技术	生物质通过气化炉实现气化，气化燃气作为燃煤锅炉补充燃料利用，灰渣不进入燃煤锅炉炉膛，灰渣作为生物质灰综合利用	生物质储仓、破碎系统、输送皮带及相关进料螺旋输送机、生物质气化炉（循环流化床形式）、旋风除尘器、换热器等	气化炉炉膛温度 700~750 ℃，气化后燃气温度约 400 ℃，该技术实现了生物质的高效清洁利用，减少化石能源的利用量，减少碳排放。以超超临界机组发电为例，生物质掺烧比例 10% 时，每度电二氧化碳排放可降低约 9%	投资约 30 万元 /t 生物质（日处理量）	适用于生物质、油泥、造纸废渣、橡胶轮胎、药渣等其他固废
4	燃煤电站协同生物质掺烧技术	生物质废弃物通过加工预处理满足燃煤电站锅炉燃烧要求后通过输送系统输送至锅炉炉膛焚烧	破碎、气力输送设备	进入燃煤锅炉生物质燃料粒径 <10mm，水分 <20%，生物质掺烧比例 <10%（热量比），掺烧后不引起锅炉机组高温腐蚀，不影响锅炉排放指标。 该技术实现了生物质的高效清洁利用，实现了煤炭资源替代，减少碳排放。每替代 1t 标煤可减少 CO_2 2.49t	投资约 5 万 ~15 万元 /t 生物质（日处理量）	适用于秸秆、树皮、农产品加工剩余物、农林废弃物、蔬菜废弃物、养殖粪污等其他固废
5	燃煤电厂协同处理油泥焚烧技术	油泥通过水洗或热脱附等预处理工艺，实现油泥的油、水、渣的分离；固体渣送入燃煤电厂锅炉炉膛焚烧处理	热水洗装置	进入炉膛的固体渣含油率 <5%，含水率 <40%，该技术较专业危险废物焚烧炉处理规模大，废水处理后达标排放，无二次污染	投资 20 万 ~50 万元 /t 泥（日处理量），油泥（危废）处理价 1 000~2 000 元 /t	适用于油基钻屑、罐底泥、浮渣、石化污泥或其他含油固废
6	燃煤电厂协同处理药渣焚烧技术	药渣干化 + 制粉 + 生物质燃烧器 / 药渣储运 + 电厂制粉系统 + 电厂燃烧系统	制粉机、生物质燃烧器	药渣干化后含水率低于 10%，经过制粉机后粒径小于 1 mm	投资约 20 万 ~50 万元 /t 生物质（日处理量）	适用于中药渣、生物制药培养基等生物质固废

（一）燃煤电厂协同处理污泥均混耦合掺烧技术

污泥的含水率不同，其流动性具有差别。根据污泥的流动性选择对应的处理方案。

处理含水率约 80% 污泥的工艺流程：该含水率的污泥具有较好的流动性。污泥运输自卸车将含水率约 80% 的湿污泥卸入地下湿泥仓内，仓底设螺杆泵；污泥由螺杆泵输送出湿泥仓，经过管道输送至输煤皮带上，与原煤均匀掺混，送至锅炉炉膛中焚烧发电。

处理含水率约 60% 污泥的工艺流程：该含水率的污泥流动性较差，黏度较高。污泥运输自卸车将含水率约 60% 的半干污泥卸入地下污泥仓内，仓底设铺底螺旋输送机；污泥由铺底螺旋输送机输送出污泥仓，由刮板输送机将污泥输送至输煤皮带上，与原煤均匀掺混，送至锅炉炉膛中焚烧发电。

（二）燃煤电厂协同处理污泥干化焚烧技术

污泥运输自卸车将含水率 60%~80% 的湿污泥卸入湿泥坑中的湿泥斗内，湿泥斗下设铺底螺旋泵或螺杆泵，通过刮板机送湿污泥进入湿污泥缓存仓。缓存仓下设铺底螺旋泵或螺杆泵，输送螺旋泵与铺底螺旋泵或螺杆泵相连接将湿污泥输送至干化机车间干化机内。在干化机内用饱和或过热蒸汽对污泥间接加热，使污泥中的水分蒸发，将系统输送的 60%~80% 含水率的湿污泥高效干化至 30%~40% 含水率以下的干污泥。蒸汽进入干化机后在底部凝结成液态水，通过疏水阀组排出机体，送至疏水箱暂存，再交由电厂统一处理。干化机载气通过载气入口进入干化机内部，与从物料中干燥蒸发出的水分一起形成干化机载气，通过载气管道进入旋风除尘器除尘后，经乏汽冷却系统送入电厂锅炉炉膛内焚烧。高效干化后的干污泥经全密封输送机输送至干污泥储存仓暂存，最终通过干污泥刮板机送至输煤皮带上，与原煤均匀掺混，送至锅炉炉膛中焚烧发电。

根据干化设备的不同，燃煤电厂协同处理污泥干化焚烧技术中的干化系统可细分为圆盘干化系统、多段式干化系统以及带式干化系统。

1. 圆盘干化系统

密闭的干燥室内，带有圆盘的转子缓慢旋转，蒸汽作为热介质从转子空心轴的一端进入，通过旋转圆盘将热量传递给物料，物料在圆盘外吸热增焓不断蒸发湿分，凝结的冷凝水从转子另一端排出。转子周边装有带一定倾角的推进叶片，随着旋转，不断将被干燥物料搅拌，同时将物料从入口一侧推向出口一侧。

2. 多段式干化系统

该系统包括蒸汽干化和热风干化两段处理线，回收蒸汽干化系统中的乏汽热能，引入热风干化系统。一段污泥干化系统：圆盘蒸汽干化机将 80% 含水率湿污泥干化至 40% 含水率。干化后的蒸汽凝结成液态水，在热风预热器中与热风进行换热，实现热风一次加热。二段污泥干化系统：立式热风干化机将 60% 含水率湿污泥干化至 40% 含水率。热风带走湿污泥中的水分经热风旋风分离器除尘后，进入热风冷却器降温收水，再依次经过热风预热器回收疏水余热、热风再热器利用电厂蒸汽热能后经热风循环风机送入热风干燥机。蒸汽与热风联合系统：一段圆盘蒸汽干化机利用电厂低品位蒸汽对污泥间接加热，二段立式热风干化机利用一段回收余热，实现能量的梯级利用，使污泥中的水分蒸发，从而达到干燥的目的。

3. 带式干化系统

湿污泥经污泥料斗储存，通过上料机提升至污泥切条机料斗内，切条机对污泥进行切条预处理后均匀平铺到网带上；在污泥烘干过程中，通过 3/4 层网带缓慢的往复运动，带动污泥由上往下运动，最后通过出料输送机出料得到干泥。余热低温干化设备主机产生的热风由上、下进入，向中部穿过网带，对污泥进行加热；干燥的热风带走污泥蒸发的水分从中部回到加热除湿机主机，通过除尘器除尘、冷却水换热器冷却除湿、热水换热器升温加热后再次进入干化室。

（三）燃煤电厂协同处理生物质气化焚烧技术

存储在料棚中的生物质物料经装载车运送至电振动筛网落入地下料仓，经分配螺旋给料机传送到带式输送机上送至炉前料仓，在仓壁振动器和拨料器的作用下落入变频绞龙，经星型给料器和高速绞龙，随后送入气化装置。破碎好的生物质原料在高速循环流化床气化装置中完成高效气化，产生燃气经过除尘后以热燃气的方式直接送入大型电站锅炉燃烧，利用燃煤发电厂发电系统实现高效发电。

（四）燃煤电厂协同生物质掺烧技术

生物质被运输至燃煤电厂，利用生物质破碎和压型系统对生物质进行预处理后送至电厂现有备用制粉系统对生物质进行碾磨，然后通过一次风将生物质输送至燃烧器，喷入炉内进行燃烧。

（五）生物质锅炉并联耦合燃煤机组掺烧技术

利用生物质直燃锅炉与燃煤机组并联耦合实现大比例安全掺烧生物质的目的。将生物质锅炉产生的烟气经过自身配备的降氮及粗除尘装置后送入大锅炉现有脱硝系统出口烟道中，利用现有脱硫、除尘系统进一步处理，将生物质锅炉产生的蒸汽与现有热力系统耦合，实现烟气 – 蒸汽并联耦合发电，一方面解决了生物质直接掺烧对锅炉安全的影响；另一方面，并联生物质锅炉提升了燃煤机组的深调灵活性。

生物质锅炉并联耦合燃煤机组掺烧发电系统如图 2.1 所示。

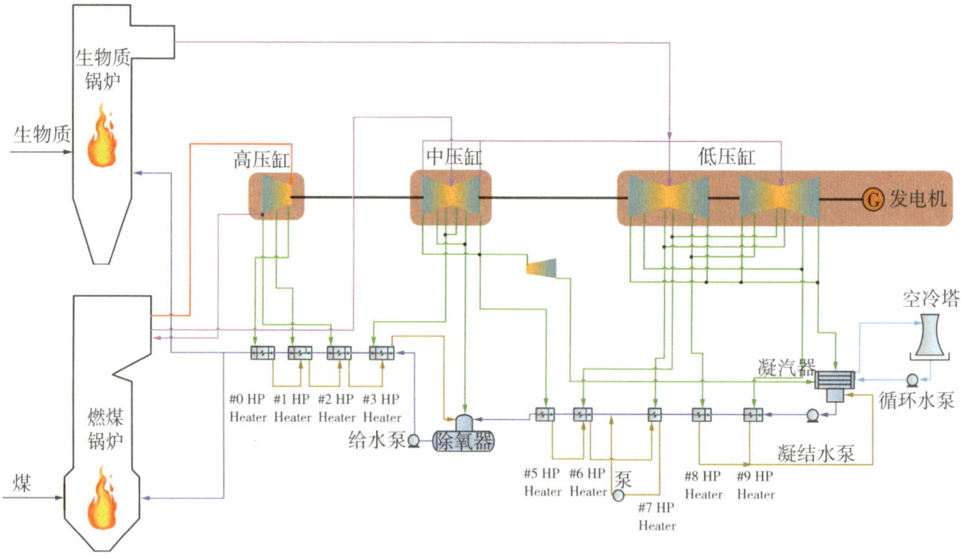

◆ 图 2.1　生物质锅炉并联耦合燃煤机组掺烧发电系统

（六）燃煤电厂协同处理油泥焚烧技术

根据含水、含油、黏性等参数的不同，对不同油泥进行多级热洗。针对含有杂质或流动性较差需要调质的油泥，设置预处理调质装置，除杂调质后进入一级碳氢基热洗系统；不含杂质且流动性较好的油泥如清罐油泥及废弃乳化液直接卸车至一级碳氢基热洗系统；来自炼厂的清罐和浮渣等污泥以及重质高黏、高含油的清罐和清仓油泥，卸车进入油泥储池，采用二级碳氢基热洗工艺处理。在多级热洗系统中将油泥清晰地分离成水、固、油三相，水相脱除药剂后循环回热洗系统使用；油相经提纯后作为电厂基础燃料油使用；固相进入新建危废地下储仓，然后通过刮板机、皮带机等全密闭式输送设备送入电厂燃煤输送系统协同处置。

（七）燃煤电厂协同处理药渣焚烧技术

1.“药渣干化 + 制粉 + 生物质燃烧器”工艺路线

将湿药渣储仓内湿药渣利用机械输送设备依次送入机械脱水和热力脱水设备内，脱水后药渣含水量降至 10% 以下，再由生物质制粉机，将药渣磨制成粒径 1mm 以下的药渣粉，通过除尘器收集，由气力输送系统送入煤粉管或生物质燃烧器与燃煤电厂实现药渣协同耦合资源化利用。

2.“药渣储运 + 电厂制粉系统 + 电厂燃烧系统”工艺路线

将待处理药渣卸入负压药渣储仓，然后由铺底螺旋泵、刮板机等机械设备组成的输送系统送入电厂制粉系统，最终经过燃烧系统进入炉膛焚烧，完成电厂协同药渣资源化利用。

二、技术优势与创新

（一）污泥处理技术创新点

1. 关键技术创新

形成了具有自主知识产权的“多段式能量梯级利用”污泥高效干化耦合煤粉锅炉关键技术。利用该技术将每吨污泥含水率由 80% 降至 40% 消耗蒸汽量 0.75 t，比传统蒸汽干化技术节省蒸汽 40% 左右；该技术通过能量的梯级利用，极大地降低污泥干化工艺运营成本。

2. 专用设备创新

研发了“多段式能量梯级利用”污泥干化系统专用设备。通过研发新型立式高效干化机、高效防堵换热器、大型污泥储仓及破拱设备、降温抑尘多级布风设备，提高了污泥干化效率，解决了高含尘乏气堵塞问题，全面实现了污泥干化系统的经济安全稳定运行。

3. 全流程系统创新

开发了大型煤粉锅炉协同处理污泥全流程系统，揭示了协同处理过程中重金属迁移转化规律。通过研究大型煤粉锅炉协同处理污泥“预处理－燃烧－排放评估”的全流程系统，制定了全流程系统设计、调试、运行技术规范，首次在 630 MW 大型煤粉锅炉上实现城镇生活污泥 6% 高掺烧比长周期安全稳定运行，锅炉效率变化幅度不超过 ±0.1%；实现了污泥掺烧全流程“三废”环保指标达标，通过系统性研究重金属迁移转化规律解决煤粉锅炉协同处理污泥大规模工业化应用中重金属污染的痛点问题。

4. 生态共享型燃煤电站模式创新

推动了燃煤电站向“融入城市绿色发展的生态共享型燃煤电站”转型，兜底消纳城镇生活污泥，助力无废城市建设快速落地，把三十年的电站融入千年城市的发展。

（二）生物质掺烧技术创新点

1. 以气力输送方式输送至一次风煤粉管道进行生物质燃料掺烧，实现燃料连续、均匀、稳定进入燃煤锅炉，最大限度减少锅炉机组改造范围，降低锅炉燃烧扰动，保证机组运行安全、稳定。此技术已在寿光、柳州、苏龙项目成功应用。

2. 采用气力分选技术高效率、低成本分选生物质原材料处置过程中夹杂的石块、金属及其他无法粉碎的杂物，保护后续制粉系统安全、稳定。此技术已在柳州项目成功应用。

三、存在的问题及解决措施

（一）耦合掺烧对锅炉影响分析

1. 污泥掺烧

采用均混耦合掺烧技术和污泥高效干化掺烧技术对大型煤粉锅炉的影响主要

是对制粉系统、焚烧稳定性、烟风系统、受热面腐蚀、粉煤灰和经济性有影响，为了避免上述影响，将掺烧（质量）比严格控制在5%~8%，并通过理论分析和示范项目测试，验证技术可靠性。具体情况如下：

污泥有着高灰分、高水分、低含碳量、低发热量的特点，挥发分比煤的挥发分高，均混耦合掺烧污泥含水率为60%~80%，污泥高效干化掺烧含水率为30%~40%，在掺烧（质量）比<5%情况下，相当于燃煤水分增加1.5%~3.0%，这个水分含量仍然处在电厂用煤自身的波动范围内，污泥的添加对燃料水分含量的影响非常小，最终对烟气量增加约0.24%~2%，对锅炉引风机出力影响有限，均在风机选型裕量范围内。污泥与燃煤在加泥点均匀掺混，并通过皮带机数次转运之后，二者混合更加均匀，污泥与燃煤磨制成煤粉送入锅炉，污泥已经转化为干粉，因为污泥干粉中的有机质含量超过50%，可以快速燃烧，不会影响锅炉的焚烧性能。经干燥后的干污泥（含水率40%）热值超过1 200 kcal/kg，掺烧污泥可以节省煤耗；最后污泥经过锅炉1 400 ℃高温焚烧，污泥中的灰分转化为玻璃态粉煤灰作为建材销售，产生的SO_2转化为石膏资源化利用，不影响粉煤灰和石膏品质，且每年可为电厂增加可观销售额。

2021年10月初，国能南京电力试验研究有限公司对常州电厂630 MW锅炉掺烧污泥进行了测试。数据显示，掺烧干污泥（质量分数6.03%）对锅炉效率影响忽略不计，并且烟气排放指标可达到火电厂超低排放标准：烟气中汞及其化合物（以Hg计）浓度为0.845 μg/m^3，镉、铊及其化合物（以Cd+Tl计）浓度为0.003 μg/m^3，锑、砷、铅、铬、钴、铜、锰、镍及其化合物（以Sb+As+Pb+Cr+Co+Cu+Mn+Ni计）浓度为52.288 μg/m^3，二噁英毒性当量质量浓度为0.007 1 ngTEQ/m^3，颗粒物排放浓度为4.3 mg/m^3，SO_2排放浓度为14.6 mg/m^3，NO_x排放浓度为19.2 mg/m^3，林格曼黑度试验值级<1，均满足环境影响评价报告书中所采用的限值。掺烧污泥工况下，粉煤灰达到《用于水泥和混凝土中的粉煤灰》（GB/T 1596—2017）中“水泥活性混合材料用粉煤灰理化性能要求”，脱硫石膏达到《烟气脱硫石膏》（GB/T 37785—2019）中规定的Ⅲ级技术标准。

2. 生物质掺烧

生物质掺烧技术对大型煤粉锅炉的影响主要是对生物质与煤粉混合燃料燃烧特性、烟风系统、受热面腐蚀及经济性有影响，为了避免上述影响，将掺烧（质量）比严格控制在 15% 以内，并通过理论分析和示范项目测试，验证技术可靠性。具体情况如下：

生物质燃料具有较高的挥发分，较低的着火温度及燃尽温度，随着生物质掺混比例的增大，煤和生物质混合燃料的着火温度和燃尽温度均降低，稳燃特性指数逐渐增大，混合燃料的综合燃烧性能得到提升，掺烧生物质燃料后有利于煤粉的燃烧。

掺烧生物质会使得燃料积灰加剧，这与生物质燃料含有较多的碱金属有关。在高温燃烧过程中，生物质中的碱金属遇强热作用迅速气化，并随烟气向炉膛下游移动，当遇到冷的换热器表面异相凝结，导致积灰量增加。随着生物质掺混比例的增大，生物质灰中的低熔点化合物，发生明显的熔融流动，尤其是当生物质掺混比例超过 15% 时会造成比较严重的黏结性积灰。因此，应严格控制生物质掺混比例不超过 15%。因生物质燃料热值较原煤略低，燃烧过程所需空气量较原煤稍高，掺烧过程锅炉烟气量会略微增加，导致锅炉效率略有降低，但因掺烧比例较低，锅炉效率不会发生明显变化，也不会对锅炉 NO_x 和 SO_2 排放造成影响。生物质中的灰成分与原煤相差不大，燃烧后转化为玻璃态粉煤灰作为建材销售，产生的 SO_2 转化为石膏资源化利用，不影响粉煤灰和石膏品质。

（二）除臭措施

污泥处理过程中会释放恶臭污染物到周围空气中形成恶臭气体，而其中污泥处理车间、储泥池等是除臭的重点区域，污泥干化过程中产生的不凝载气也是容易散发臭气的源头，其产生的恶臭气体具有恶臭污染物组成复杂、气体浓度变化大等特点。在除臭工程设计方面，可在全面分析污泥臭气散发源的基础上，通过对重点区域的有效隔断和密闭，加之送风和吸风对侧布置的除臭管路设计，形成气体对流，从而完成高效的臭气收集。具体除臭措施如下：

采用污泥均混耦合掺烧技术的项目，可在地坑内设计通风系统，并安装在线有毒气体及氧气检测仪器，地上设置除臭风机，除臭风机接入电厂送风机入口。

采用污泥干化焚烧技术的项目，在湿泥储料间、干化车间、干泥仓以及卸料点均采用负压设计，负压产生的置换风与干化乏汽通入锅炉炉膛焚烧；干化后的污泥在进出干泥仓过程中进行降温通风除臭，降温过程中产生的湿空气经过除尘脱水后送入锅炉炉膛焚烧；废水系统（如果有）AO 池配置密闭顶盖，并设置吸风管经除臭风机送入锅炉炉膛焚烧。同时，可在重点区域辅以植物液除臭，车间物流大门设置离子风幕。在电厂锅炉均停机的极端情况下，经过冷凝的乏气通过洗涤塔用酸和碱洗涤进行脱臭。利用酸洗可去除氨和胺类等碱性恶臭物质；碱洗则适用于去除硫化氢、低级脂肪酸等酸性恶臭物质，净化后的空气通过风机和烟囱引至 15m 高空排放。

（三）污泥输送系统防堵措施

由于电厂原有输煤系统是基于燃煤进行设计的，燃煤的粒度、含水率、黏性与污泥差别很大，当污泥与原煤掺混后，物料性质发生改变，会变得更黏结，若掺混不匀，在电厂各转运站倒料的过程中或在原煤仓储存的过程中较易发生堵塞，阻碍电厂正常下煤。

采用污泥均混耦合掺烧或高效干化焚烧技术的项目，对于电厂输送系统的防堵关键是控制好掺入污泥的比例以及连续均匀的混配，目前较常见的有两种工艺路线。第一种是针对含水率 70%~80% 的膏状体湿污泥采用螺杆泵与布料器的组合方式，通过变频调节，可以连续均匀地向输煤系统按比例加入污泥；第二种是针对含水率 40%~65% 的干污泥或半干污泥采用刮板机与终端给料螺旋的机械输送方式，通过设备的变频调节可随时调整污泥给料量，并与电厂皮带秤数据相关联，可保证污泥给料的均匀性和掺入比例，经电厂转运站的倒运，污泥与煤均匀混合，大大降低原煤仓及各落煤管的堵料风险。长期运行经验表明：以上两种工艺均可有效解决输送系统的堵塞问题。

（四）污泥高氨氮废水处理

采用污泥高效干化掺烧的项目，废水来源于市政污泥或工业污泥干化过程中产生的冷凝废水。该废水相对于一般的化工废水，其中有毒有害物质含量较少，可生化性相对较好。但由于到厂污泥的堆放时间、污泥的来源不同，经干化机干燥后的污泥所释放的乏汽冷凝后会不定期产生大量氨氮指标较高的冷凝水。

废水处理系统的主体工艺采用气浮 + 多级 A/O+ 沉淀 + 高效沉淀工艺，通过气浮系统去除水中大部分的 SS 和石油类、总磷及非溶解性 COD 污染物。多级 A/O+ 沉淀系统通过硝化反硝化反应去除水中的有机物、氨氮等，出水进入高效沉淀池进一步地去除水中的 SS 和总磷等污染物，经高效沉淀池出水进入清水池达标回用。

废水处理系统设计充分考虑高氨氮废水对后续生化系统的冲击，采用加大生化池池容增加废水在系统中停留时间、提高运行期间生化池污泥浓度、增大好氧工艺段曝气量等方式，保证废水系统出水达到相关水质要求。

（五）加强掺烧固体废弃物影响的考核及效果后评价

燃煤机组掺烧固体废弃物对于机组运行性能的影响较大，尤其是直接掺烧污泥和生物质的机组，掺烧安全和综合经济性评价是影响掺烧效果的重要因素。为避免未结合当地固废价格和机组状况盲目或跟风掺烧，对机组带来不利影响，后续燃煤机组掺烧固废需要由国能南京电力试验研究有限公司负责燃煤机组掺烧固体废弃物后的性能验收试验和运行 1 年后的效果评价试验。

第三章

固体废弃物掺烧技术典型案例

煤电机组耦合固体废弃物掺烧技术已成功在国家能源集团内多家电厂实现了工程应用。已在常州、达州、青山、衡丰、福州、恒泰、宿迁、九江、承德、陈家港、谏壁、南宁等16家发电企业实现了污泥掺烧工程实践（表3.1），在寿光、柳州、荆门3家发电企业实现了生物质掺烧工程实践（表3.2）。

表3.1　煤电机组耦合污泥掺烧案例一览表

项目	技术路线	处理规模/（t/d）	固废种类	投资额/万元
常州	干化掺烧	500	含水率60%~80%生活污泥、印染污泥	8 500
达州	均混耦合掺烧	200	含水率80%生活污泥	1 500
青山	干化掺烧	500	含水率60%~80%生活污泥	12 000
衡丰	均混耦合掺烧	250	含水率60%~80%生活污泥、皮革污泥	2 000
福州	均混耦合掺烧	250	含水率60%~80%生活污泥	2 000
恒泰	均混耦合掺烧	250	含水率60%~80%生活污泥	2 000
宿迁	均混耦合掺烧+干化掺烧	800	含水率60%~80%生活污泥、印染、造纸污泥	15 000
九江	均混耦合掺烧+干化掺烧	500	含水率60%~80%生活污泥、淤泥	12 000
承德	均混耦合掺烧	250	含水率60%~80%生活污泥	2 000
陈家港	均混耦合掺烧	200	含水率60%~80%生活污泥	2 000
永福	均混耦合掺烧	200	含水率60%~80%生活污泥	2 000
龙岩	均混耦合掺烧	200	含水率80%生活污泥、印染污泥	2 000
马鞍山	干化掺烧	200	含水率80%生活污泥	5 000
池州	均混耦合掺烧	70	含水率60%生活污泥	800
谏壁	均混耦合掺烧	400	含水率80%生活污泥	1 600
南宁	均混耦合掺烧	200	含水率80%生活污泥	1 500

表3.2　煤电机组耦合生物质掺烧案例一览表

项目	技术路线	处理规模	固废种类	投资额/万元
寿光	直接掺烧	25×10^4 t/a	生物质粉末	3 100
柳州	磨粉、气力输送掺烧	10.4 t/h	甘蔗叶、柴禾类农林废弃物	2 000
荆门	生物质气化耦合发电	2×8 t/h	沙柳	12 000

一、国能（常州）龙源火电协同污泥资源化利用项目

（一）项目概况

国能（常州）龙源火电协同污泥资源化利用项目（以下简称“常州污泥

项目”）位于江苏省常州市，是太湖流域水环境治理重点区域，是“长江经济带”“长三角区域一体化”发展国家战略重点区域。常州水资源丰沛，印染企业众多，据统计，全市污水处置服务企业47家，纺织印染企业138家，均达产后，一般固废污泥产生量可达 53.9×10^4 t/a，具有良好的污泥处置市场基础。

国能常州发电有限公司是常州市辖区内唯一一家高效环保大机组燃煤发电企业，是原国电集团成立后建成的第一家600 MW级电源项目单位，现役2台630 MW超临界机组，分别于2006年5月、11月正式投产发电。电厂位于常州市开发区圩塘镇境内，距市区18 km，具有承接和焚烧处置污泥的能力和地域优势。

龙源启德（常州）生态环境科技有限公司，由国能龙源环保有限公司与常州排水有限公司、常州燃气热力集团有限公司共同投资组建。国能龙源环保有限公司掌握污泥掺烧耦合发电的核心技术，具备项目建设、运维能力；国能常州发电有限公司是常州市辖区内唯一一家高效环保大机组燃煤发电企业，拥有高效燃煤锅炉和先进环保处置设施；常州燃气热力集团有限公司统筹负责管理常州市燃气管网、热力管网的设计、施工、安装和维修；常州市城市排水有限公司统筹负责管理常州市生活废水污泥的处置。各成员单位在各自行业具有领先优势，项目公司的成立是实现强强联合、优势互补、技术创新，形成污染治理与资源回收利用的完整产业链，共同提高社会、环境和经济效益的良好体现。

受常州市排水管理处委托，常州污泥项目于2018年12月完成政府立项，2020年6月正式投产，处理规模500 t/d，具备年处理 9.9×10^4 t生活污泥和 6×10^4 t印染污泥的固废处置能力。2019年2月26日常州政府下达常政办发〔2019〕22号文件，明确本项目属市政府重点督办项目，并列入江苏省环境基础设施重点工程项目表，有效填补了常州市污泥处置缺口，具有巨大技术经济优势，为周边生态环保建设作出卓越贡献。

常州污泥项目作为国能龙源环保有限公司携手国能常州发电有限公司建成的融入城市绿色低碳发展的生态共享型燃煤电站项目，通过打造绿色低碳能源服务示范工业园区、“太湖流域”固废协同无害化资源化处置环保平台，为长江下游经济带绿色低碳发展和太湖流域生态环境保护贡献绿色力量。

常州污泥项目实景如图 3.1 和图 3.2 所示。

◆ 图 3.1　常州污泥项目实景（1）

◆ 图 3.2　常州污泥项目实景（2）

（二）技术路线及方案介绍

结合国家环保政策引导和污泥焚烧技术发展，项目技术路线采用卧式圆盘干燥机（蒸汽间接换热干化）+ 发电厂燃煤锅炉耦合掺烧工艺，取发电厂低压过热蒸汽作为主要干化热源，将含水率 60%~80% 的湿污泥干化至 40% 左右含水率，送至电厂输煤皮带，经磨制系统后送入锅炉焚烧。项目设置 500 m^3/d 处置能力的冷凝废水处置设施，采用“混凝气浮 +A/O+ 二沉池”工艺，锅炉废气依托发电厂现有“低氮燃烧 +SCR+ 静电除尘 + 石灰石 / 石膏湿法脱硫 + 湿电除尘处置”环保设施。

通过制冷机给干污泥降温除臭，在干泥仓顶部锥段设置 7 根变径冷风管，贴干泥仓内壁插入仓内，在干泥仓仓顶设冷风送风母管，由制冷机送冷风通入仓内，冷风在仓内与干污泥料堆表面进行对流换热并干燥，最后通过 2# 刮板机箱体内部及抽风管道排出潮气及粉尘，以解决干污泥加料过程中落料点臭味逸散的问题。对于 3#、4# 号刮板机，通过冷风直管送入冷干空气对刮板机内部污泥进行降温干燥，通过汇流总管进入喷淋除尘塔，最后由除臭置换风机送入干化车间内的废气引风机，最终送炉膛焚烧。

国能常州污泥处置项目技术路线如图 3.3 所示。

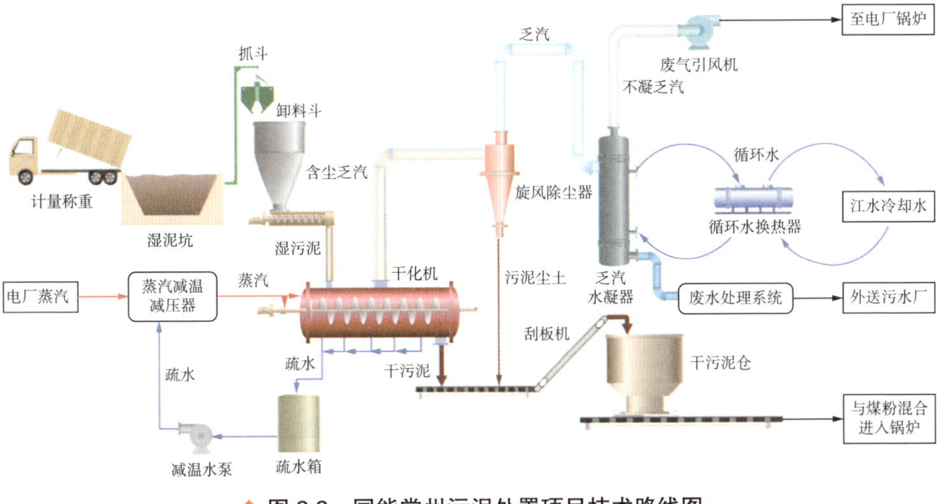

◆ 图 3.3 国能常州污泥处置项目技术路线图

（三）项目技术经济指标与环境指标

1. 项目的主要经济指标

对于电厂方，一是以污泥焚烧服务为契机，与污泥单位签订直供电合同，每年可增加售电量、售蒸汽量等收入，二是污泥代替燃煤焚烧节约相应的标煤，减少二氧化碳排放。

对于环保企业，一是污泥处置获得收益；二是项目获得国家财政补贴。

常州污泥项目 2020 年一次性获得国家财政补贴 2 440 万元，2022 年污泥处置量 15×10^4 t，营业收入 4 800 万元，利润 1 940 万元（不含碳汇）。其中包含：节煤利润 1 000 万元、蒸汽销售利润 280 万元、启德利润 500 万元、降碳利润 162 万元。

国能常州污泥处置项目主要技术经济指标如表 3.3 所示。

表 3.3 国能常州污泥处置项目主要技术经济指标

项目	单位	数值
蒸汽耗量	t/d	<450
单台干燥机功率	kW	≤ 110
压缩空气耗量	Nm^3/h	12
年利用小时数	h	7632
主设备噪声（离设备 1m 远）	dB	<85
装置可用率	%	100
装置服务寿命	a	30

2. 项目零碳效果和环保效果

项目具备承接常州市 30% 一般固废的无害化处置能力，作为江苏省环保基础设施承担了太湖流域水环境保护重任，是长江下游地区环保“压舱石”。

电厂协同处置太湖流域污泥 15.9×10^4 t/a，节省标准煤 1.71×10^4 t/a，减少 CO_2 排放 4.53×10^4 t/a，减少 SO_2 排放 410 t/a，NO_x 排放 119 t/a，PM2.5 排放 256 t/a。

二、国能达州龙源火电协同污泥处理中心项目

（一）项目概况

国能达州龙源火电协同污泥处理中心项目（以下简称“达州污泥项目”）位于四川省达州市，是长江流域生态环境治理重点区域。达州市全市 700 万人口，辖区目前有 5 个污水处理厂，每天产生污泥约 190 t，其中达州市中心城区日产污泥 130 t，其中含水率 80% 污泥为 110 t。2019 年中央环保督察责成达州市政府于 2019 年 12 月底建成污泥处置项目，处置达州市中心城区未达到环保要求的存

量及新增污泥。2019 年 5 月 29 日，达州市政府同意达州电厂与达州水务集团合作建设污泥处置项目，本项目应运而生，由国能龙源环保有限公司独立投资并提供设计、设备采购与集成、工程服务、运营维保等一体化服务及解决方案。

达州污泥项目于 2019 年 12 月 5 日取得达州市发展改革委立项批复，在政府部门大力支持下，先后取得用地规划许可、工程建设许可、施工许可等各项手续。2020 年 7 月完成工程建设并通过工程质量预验收、8 月底完成系统调试、9 月完成档案预验收及竣工综合验收。

项目设计污泥处置规模 200 t/d，年处理生活污泥近 5×10^4 t，节约标煤 0.35×10^4 t，增加生物质电量 1 100 $\times10^4$ kW · h，带来综合经济效益近千万元，圆满解决了达州市生活污泥的环保处理问题，对提升达州环境保护与污染治理水平具有积极作用，推动了当地经济可持续发展与生态文明建设。

国能达州龙源火电协同污泥资源化利用项目实景如图 3.4 所示。

◆ 图 3.4　国能达州龙源火电协同污泥处理中心项目实景

（二）技术路线及方案介绍

本项目建设两套污泥均混耦合掺烧系统，一套用于处理达州市中心城区含水率约 80% 的生活污泥，另一套用于处理达州市中心城区含水率约 60% 的生活污泥。污泥由市政专用污泥输送车送至厂内，经地磅称重后卸至地下污泥仓，再通过转运设备输送至输煤皮带处，与煤掺混均匀后送入锅炉燃烧发电，并对过程中产生的臭气、废水等污染物进行全封闭无害化处理，实现城市生活污泥“无害化、减量化、资源化和规模化”处置。

（三）项目环保效益及社会效益

本项目年处理生活污泥近 5×10^4 t，年营业收入超 600 万元，节约标煤 0.35×10^4 t，可增加生物质电量 1 100×10^4 kW · h，具有显著的经济效益和环保效益。有效地缓解了政府对园区企业管理的压力，减少了政府的支出，为政府在区域环境治理、安全管理方面提供了有效支持，为打造安全园区、和谐园区助力；提升了区域能效，降低了区域整体能耗，有效地减轻了区域碳减排量，为打造节能低碳示范园区助力；有效推动污泥“无害化、减量化、资源化”处理技术进步，实现城市污泥的长期稳定处置，加快实现城市区域“碳减排碳中和”目标，助力“无废城市”建设纵深发展，促进火电产业结构优化、升级。

三、国能青山热电厂污泥处置工程项目

（一）项目概况

国能青山热电厂污泥处置中心项目（以下简称“青山污泥项目”）位于有“九省通衢”之称的江城武汉东北部，毗邻青山重化工业区。项目位于青山热电厂厂区内，青山热电厂作为国家“一五”计划 156 项重点工程之一，于 1957 年建厂，是集发电、供热、副产品开发利用于一体的发电综合型电厂，是支撑湖北电网的骨干电厂之一。2020 年，根据武汉市环保局的统一规划，青山热电厂为武汉市污泥无害化处置单位之一，批准建设污泥处置项目以解决目前武汉市污泥填埋生成的二次污染问题。

青山污泥项目由国能龙源环保有限公司提供设计、投资建设、设备采购与集成、工程服务、运营维保等一体化服务及解决方案，依托集团级课题“燃煤电站高效污泥干化处理技术及关键设备的研究”，自主研发两段式干化技术，攻克了传统技术废热利用不足、占地面积大等难题，技术处于国际领先水平。设计日处理污泥规模 500 t，建设包括 200 t/d（含水率 60% 污泥）+300 t/d（含水率 80% 污泥）污泥干化装置生产线。青山污泥项目依托现役煤电高效发电系统和污染物集中治理措施进行焚烧处理，可有效解决武汉市区及周边区域污泥的出路问题，对构建武汉市清洁低碳、安全高效的能源体系有着非常重要的意义。2020 年初，

新冠肺炎疫情防控期间，国能青山热电有限公司充分彰显国企担当，协助武汉市政府开展市政污泥应急处理工作，掺烧处理污泥 1 700 t，在疫情期间为保障武汉市民正常生活环境作出积极贡献，充分展现了电力企业在城市污泥处理上的天然优势，一定程度上有效推动了本项目。青山污泥项目于 2020 年 10 月签订污泥处理工程特许经营 BOOM 合同，设计、工程建设相关工作同步开展，2023 年投产运行，项目接收来自武汉市城市排水发展有限公司的含水率 80% 的自来水厂污泥及武汉汉西污水处理有限公司的含水率 60% 的自来水厂污泥，通过热干化系统降低污泥含水率至 40%，再与燃煤均匀混合后输送至锅炉焚烧发电，得到减量化、稳定化、无害化处理。本项目是武汉市污泥处置工程的重要组成部分。

青山污泥项目概念图如图 3.5 所示，青山污泥项目实景如图 3.6 所示。

◆ 图 3.5　青山污泥项目概念图

◆ 图 3.6　青山污泥项目实景

（二）技术路线及方案介绍

结合国家环保政策引导和污泥焚烧技术发展，项目技术路线采用污泥热干化工艺 + 发电厂燃煤锅炉耦合焚烧工艺，利用独创的蒸汽 – 热风联合循环污泥高效干化技术将目前污泥干化市场上成熟的热风带式干化和蒸汽圆盘干化技术进行耦合。利用圆盘蒸汽干化的余热作为热风干化的热源，联合循环相比单一循环可以将干化效率提高 12% 以上，重点突破蒸汽干化预热的梯级利用问题，提高余热利用率，降低污泥干化工艺运营成本。含水率 60%~80% 的湿污泥干化至 40% 左右含水率后送至电厂输煤皮带，经磨制系统后送入锅炉焚烧。

本项目针对不同场所和污染源的特点采取不同的通风除臭应对策略，最大限度达到对臭气的控制和处理的目的。

1. 电厂锅炉正常运行时，干泥车间、湿泥坑设计通风除臭系统，通过抽取室内臭气，保持室内微负压环境。抽气设备为废气引风机，臭气经废气引风机送至电厂锅炉送风机出口。

2. 电厂锅炉正常运行时，干泥仓和刮板机设计降温通风除臭系统，一方面向干泥仓和刮板机送入冷风降低干泥的温度，从而抑制臭气的散发；另一方面刮板机内的废气经过喷淋塔降尘后，通过臭气置换风机送至废气引风机入口。

3. 电厂锅炉全部停止运行时，干泥车间、湿泥坑等设计一套应急除臭系统，应急除臭系统采用酸洗 + 碱洗的化学除臭工艺，净化后的空气通过风机和烟囱引至 15 m 高空排放。

4. 卸料大厅的一道门和二道门设计风幕，阻断臭气外溢。此外设计一套植物液喷淋除臭系统，实现就地捕捉臭气。

5. 脱水间、危化品库等设计自然进风、机械排风的通风系统。

6. 干化车间附属楼设计多联式空调机 + 新风系统。

图 3.7 为由龙源环保独创的“多段式热能阶梯利用的污泥干化系统及干化方法”发明专利证书。

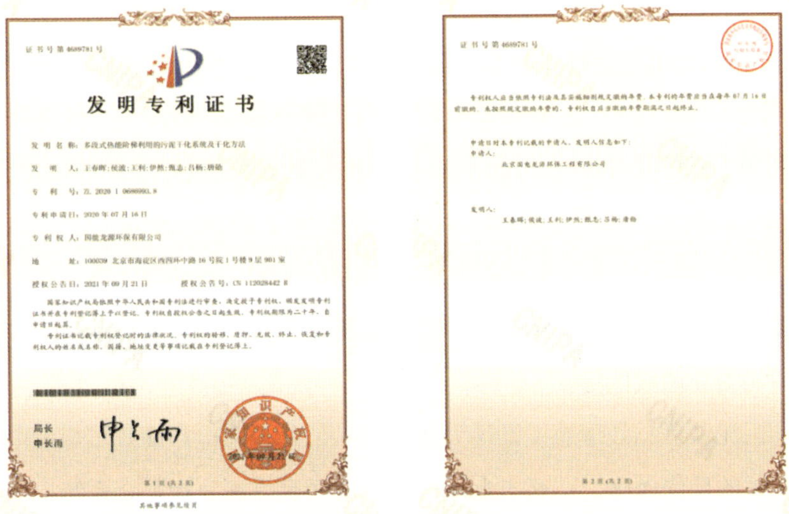

◆ 图 3.7　由龙源环保独创的“多段式热能阶梯利用的污泥干化系统及干化方法”发明专利证书

（三）项目技术指标

青山污泥项目主要技术经济指标见表 3.4。

表 3.4　青山污泥项目主要技术经济指标

项目	单位	指标
日处理湿污泥量	t	500
年处理污泥量	t	1 351 417
全年电耗	kW·h	9 932 000
单位电耗	kW·h/（t·a）	73.344
蒸汽消耗	t/h	12.21[0.5 MPa（g），160 ℃]
干污泥产物	t/d	233（含水率 40% 污泥）
年利用小时数	h	6 500

四、国能衡丰（龙源）火电协同污泥处理中心项目

（一）项目概况

国能衡丰（龙源）火电协同污泥处理中心项目（以下简称“衡丰污泥项目”）位于衡丰电厂厂区内，衡丰电厂目前装机 4×330 MW，分属河北衡丰发电有限

公司和衡水恒兴发电有限责任公司，衡丰公司两台机组 1996 年投产发电，恒兴公司两台机组 2005 年投产发电。在距电厂 20 km 范围内已建成两座污水处理厂，分别为衡水市振华污水处理有限公司（简称振华污水厂）和赵圈污水处理厂。其中，振华污水厂位于衡水市北外环大麻森乡魏村，设计污水处理规模 $10\times10^4\ m^3/d$，污泥产量约 100 t/d，其中含水率 80% 的 20~30 t/d，含水率 60% 的 50~60 t/d；赵圈污水厂位于衡水市桃城区赵圈镇，设计污水处理规模 $1.5\times10^4\ m^3/d$，污泥产量 8~10 t/d，含水率 80%。本项目具有良好的污泥处置市场基础和承接处置污泥的能力和地域优势。

衡丰污泥项目总处理规模设计为 250 t/d，依托衡丰电厂高效燃煤发电系统以及超低排放的环保设施，在衡丰电厂厂内建成两套污泥直掺焚烧系统，一套用以处理衡水市辖区内含水率约 80% 的生活污泥（称湿污泥）；另一套用以处理衡水市中心城区含水率约 20%~60% 的生活污泥和皮革污泥（称半干污泥）。

衡丰污泥项目实景如图 3.8 所示。

◆ 图 3.8　衡丰污泥项目实景

（二）技术路线及方案介绍

本项目建设两套污泥均混耦合掺烧系统，一套用于处理衡水市城区内含水率约 80% 的湿污泥，另一套用于处理衡水市城区内含水率约 20%~60% 的半干污泥。污泥由污泥运输自卸车送至厂内，经地磅称重后卸至地下污泥仓，再通过转运设备输送至输煤皮带处，与煤掺混均匀后送入锅炉燃烧发电，并对过程中产生的臭气、废水等污染物进行全封闭无害化处理，实现城市生活污泥“无害化、减量化、资源化和规模化”处置。

（三）项目技术经济指标与环境指标

衡丰污泥项目主要技术经济指标见表 3.5。

表 3.5 衡丰污泥项目主要技术经济指标

项目	单位	指标
日处理湿污泥量	t	250
年处理污泥量	t	75 000
全年电耗	kW·h	150 000
单位电耗	kW·h/（t·a）	2

本项目年处理污泥近 7×10^4 t，节约标煤 0.49×10^4 t，具有资源优化、绿色环保、节约投资、节约能耗、促进电厂升级转型等多重意义。

五、国能（福州）龙源火电协同污泥处理中心项目

（一）项目概况

国能（福州）龙源火电协同污泥处理中心项目（以下简称“福州污泥项目”）位于国电（福州）热电有限公司厂区内。国电（福州）热电有限公司位于福清市江阴半岛南部滨海东南端，东、南面向兴化湾，与牛屿、小麦屿等岛屿相对。江阴半岛位于福清市以南，半岛南部属于江阴工业开发区，开发区距福州市中心区 85 km，距福清市区 45 km。一期工程 2 × 600 MW 燃煤超临界汽轮发电机组于 2007 年 10 月投产发电。

福州污泥项目依托福州公司高效燃煤发电系统以及超低排放的环保设施，在福州公司厂内建成两套污泥直掺焚烧系统，一套用以处理福州市辖区内含水率约 80% 的一般工业固废（以印染污泥、造纸污泥为主）和生活污泥（称湿污泥）；另一套用以处理福州市周边产生的含水率约 40%~60% 的一般工业固废（以印染污泥、造纸污泥和废白土为主）和生活污泥（称半干污泥）。总处理规模设计为 250 t/d。

福州污泥项目实景如图 3.9 所示。

◆ 图 3.9　福州污泥项目实景

（二）技术路线及方案介绍

本项目建设两套污泥均混耦合掺烧系统，一套用于处理城区内含水率约 80% 的湿污泥，另一套用于处理城区内含水率约 20%~60% 的半干污泥。污泥由污泥运输自卸车送至厂内，经地磅称重后卸至地下污泥仓，再通过转运设备输送至输煤皮带处，与煤掺混均匀后送入锅炉燃烧发电，并对过程中产生的臭气、废水等污染物进行全封闭无害化处理，实现城市生活污泥“无害化、减量化、资源化和规模化”处置。

福州污泥项目获奖情况如图 3.10 所示。

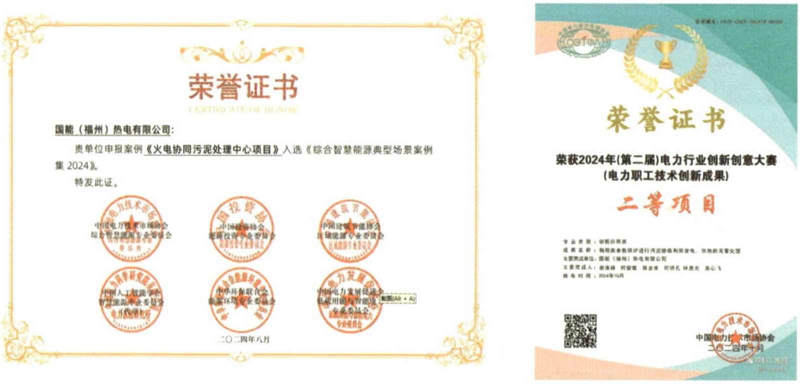

◆ 图 3.10　福州污泥项目获奖情况

含水率 ~80% 湿污泥直掺工艺系统图如图 3.11 所示。

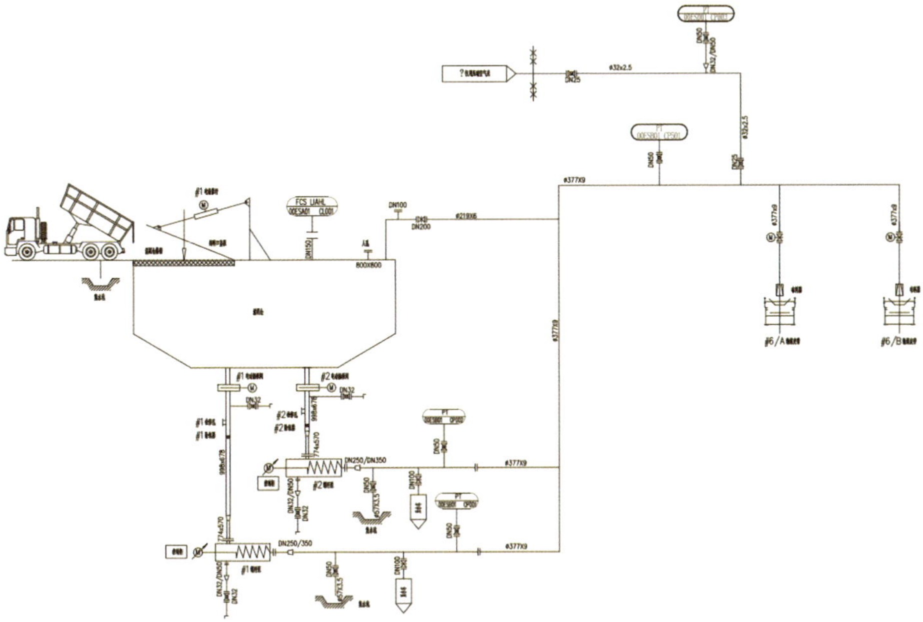

◆ 图 3.11 含水率 ~80% 湿污泥直掺工艺系统图

含水率 20%~60% 湿污泥直掺工艺系统图如图 3.12 所示。

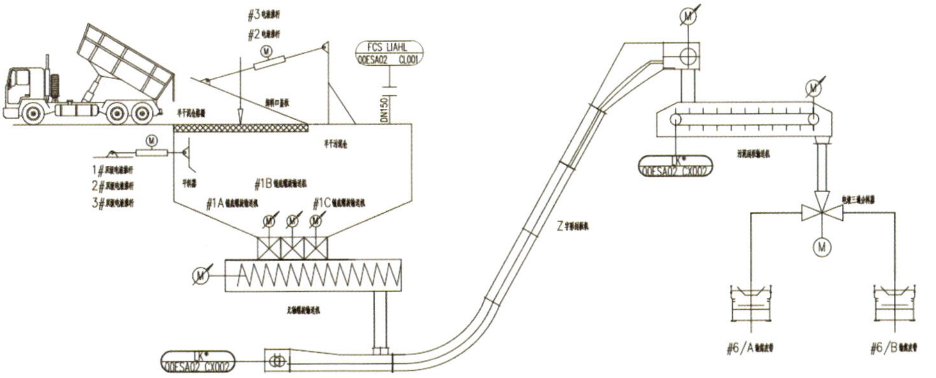

◆ 图 3.12 含水率 20%~60% 湿污泥直掺工艺系统图

（三）项目技术经济指标与环境指标

福州污泥项目主要技术经济指标见表 3.6。

表 3.6　福州污泥项目主要技术经济指标

项目	单位	指标
湿污泥日处理量	t	150
湿污泥含水率	%	80
半干污泥处理量	t/d	100
半干污泥含水率	%	20~60
单位电耗	kW·h/（t·a）	2
压缩空气	Nm^3/d	1
年设计运行天数	d	300
年设计处理污泥量	t	75 000

本项目年处理生活污泥近 7.5×10^4 t，节约标煤 0.53×10^4 t，具有环保经济双重效益优势。

六、国能（恒泰）龙源协同固废资源化利用项目

（一）项目概况

国能（恒泰）龙源协同固废资源化利用项目（以下简称“恒泰污泥项目”）位于国能重庆恒泰发电有限公司厂区内。恒泰电厂地处重庆万盛经济开发区，临近重庆南川区和綦江区，离主城区近 100 km，厂址以东约 5 km 为关坝镇。关坝镇至赶水镇公路从厂址南缘约 350 m 处通过，厂址东侧边缘为中坝村至上坝村乡村公路。工程建设 2×300 MW 亚临界燃煤发电机组，分别于 2006 年、2007 年投产发电。

恒泰污泥项目依托恒泰电厂高效燃煤发电系统以及超低排放的环保设施，在恒泰电厂厂内建成两套污泥直掺焚烧系统，一套用以处理含水率约 80% 的生活污泥（称湿污泥）；另一套用以处理含水率约 20%~60% 的生活污泥（称半干污泥）。总处理规模设计为 250 t/d。

恒泰污泥项目实景如图 3.13 所示。

◆ 图 3.13　恒泰污泥项目实景

（二）技术路线及方案介绍

恒泰污泥项目建设一条处理量为 200 t/d 的湿污泥（含水率 80%）直掺上料系统和一条 50 t/d 半干泥（含水率 20%~60%）直掺上料系统。污泥由污泥运输自卸车送至厂内，经地磅称重后卸至地下污泥仓，再通过转运设备输送至输煤皮带处，与煤掺混均匀后送入锅炉燃烧发电，并对过程中产生的臭气、废水等污染物进行全封闭无害化处理，实现城市生活污泥“无害化、减量化、资源化和规模化”处置。

（三）项目技术经济指标与环境指标

恒泰污泥项目主要技术经济指标见表 3.7。

表 3.7　恒泰污泥项目主要技术经济指标

项目	单位	指标
日处理污泥量	t	250
年处理污泥量	t	75 000
全年电耗	kW · h	225 000
单位电耗	kW · h/（t · a）	3

本项目年处理生活污泥近 8×10^4 t，节约标煤 0.58×10^4 t，可增加生物质电量 1 833 $\times10^4$ kW·h，具有环保经济双重效益优势。

七、国能（宿迁）龙源火电协同污泥资源化利用项目

（一）项目概况

国能（宿迁）龙源火电协同污泥资源化利用项目（以下简称“宿迁污泥项目”）建设在国家能源集团宿迁发电有限公司（以下简称“宿迁公司”）现有场地内，宿迁公司厂址位于宿迁市南偏东距市中心 18 km 处的京杭大运河南岸，在洋北镇西侧，距洋北镇中心 1.5 km，公司现有装机容量 2 × 660 MW。2 台机组分别于 2018 年、2019 年投产，目前年利用小时数约 5 500 h，年耗煤量约为 300×10^4 t，宿迁公司污泥耦合处置潜能平均为 800 t/d（以含水率 80% 的污泥来计算）。

宿迁污泥项目实景如图 3.14 所示。

◆ 图 3.14　宿迁污泥项目实景

（二）技术路线及方案介绍

项目建设规模为 800 t/d，分直掺装置和干化装置两部分建设，污泥直掺装置处置规模 300 t/d（含水率 80% 的污泥）；干化装置处置规模 500 t/d（其中，含水率 80% 的污泥 300 t/d，含水率 60% 的污泥 200 t/d）。项目直掺装置利用螺杆泵将污泥输送至磨煤机入口与原煤掺混进入磨制系统，然后进入炉膛焚烧。项目干化装置利用蒸汽圆盘干化技术作为本项目干化工艺路线，干化后的污泥输送至电厂输煤皮带，经磨制系统后送入锅炉焚烧；干化过程中产生的不凝臭气除尘降温

脱水后直接送入锅炉炉膛焚烧；干化产生的乏气冷凝水收集后在厂内经过废水生化处理系统预处理达到相关标准后，排入城市污水管网或作为电厂循环水补充水。

（三）项目技术经济指标与环境指标

本项目主要技术经济指标见表 3.8。

表 3.8 宿迁污泥项目主要技术经济指标

项目	单位	数据	备注
处理污泥量	t/d	800	
项目直掺装置处置规模	t/d	300	含水率 80%
项目干化装置处置规模	t/d	500	300 t/d（含水率 80%）+200 t/d（含水率 60%）
产出含水率 40% 干泥量	t/d	235	
项目直掺装置单位电耗（处理 1t/d 泥电耗）	kW · h	8	
项目干化装置单位电耗（处理 1t/d 泥电耗）	kW · h	65	
饱和蒸汽	t/h	18.8	
压缩空气	Nm^3/h	4.5	
年利用数	d	300	
系统利用率	%	100	
装置寿命	a	20	

本项目依托宿迁公司所拥有的相关配套设施来实施，具有资源优化、绿色环保、节约投资、节约能耗、促进电厂升级转型等多重意义，同时对抢占宿迁固废资源化市场，建设融入城市绿色发展的生态共享型燃煤电站具有重要意义。本项目年处理湿污泥量约 24×10^4 t，进行燃煤耦合污泥发电技改后，按照年利用小时数 7 200 h（100%BMCR 运行）考虑，两台炉 BMCR 工况节约标煤量为 14 361.48 t/a，标煤价按 1 000 元 /t（含税）计，节约费用约 1 436.148 万元（含税）。折算成（热值为 20 360 kJ/kg）设计煤种为 20 664 t/a，相当于每年减少二氧化碳排放 41 013 t，二氧化硫排放 202 t。

八、国能（九江）龙源火电协同污泥资源化利用项目

（一）项目概况

国能（九江）龙源火电协同污泥资源化利用项目（以下简称“九江污泥项

目”）位于国能九江发电有限公司现有场地内，国能九江发电有限公司位于江西省九江市东郊，庐山北麓，北临长江，西靠九江长江大桥和京九铁路，整个厂区占地面积约 $351 \times 10^4 m^2$，总装机为 1 360 MW，包括 3 台发电机组，分别为三期 2 × 350 MW 机组和四期 1 × 660 MW 机组，目前三台机组均正常运行，三期 2 × 350 MW 机组日耗原煤量约 4 500 t，年耗煤量约 130×10^4 t，四期 1 × 660 MW 机组日耗原煤量约 5 800 t，年耗煤量约 170×10^4 t，年总计耗煤量 300×10^4 t。

本项目建设规模为 500 t/d，预留后期 2 × 100t/d 高效干化掺烧扩建场地。建设一套污泥均混耦合掺烧系统，处置规模 200 t/d（其中含水率 80% 的污泥 100 t/d+ 含水率 60% 的污泥 100 t/d）；同时建设一套污泥高效干化掺烧系统，处置规模 300 t/d（其中含水率 80% 的污泥 100 t/d+ 含水率 60% 的污泥 200 t/d）。

九江污泥项目实景如图 3.15 所示。

◆ 图 3.15　九江污泥项目实景

（二）技术路线及方案介绍

本项目建设在国能九江发电有限公司厂区内，项目采用均混耦合掺烧工艺，将含水率 80% 污泥利用螺杆泵输送至输煤皮带与原煤掺混进入磨制系统，然后进入炉膛焚烧；含水率 60% 污泥利用刮板机输送至电厂三期 303# 输煤皮带与原煤掺混进入磨制系统，然后进入炉膛焚烧。本项目利用蒸汽圆盘干化技术作为高效干化掺烧工艺路线，干化后的污泥输送至电厂四期 T8 转运站内输煤皮带，经磨制系统后送入锅炉焚烧；高效干化过程中产生的不凝臭气除尘降温脱水后直接送入锅炉炉膛焚烧；高效干化产生的乏气冷凝水收集后在厂内经过废水生化处理系统预处理达到相关标准后作为电厂循环水补充水。

（三）项目技术经济指标与环境指标

九江污泥项目主要技术经济指标见表 3.9。

表 3.9　九江污泥项目主要技术经济指标

项目	单位	数据	备注
处理污泥量	t/d	500	
项目均混耦合掺烧处置规模	t/d	200	100 t/d 含水率 80% 污泥 +100 t/d 含水率 60% 污泥
项目高效干化掺烧处置规模	t/d	300	100 t/d（含水率 80%）+200 t/d（含水率 60%）
产出含水率 40% 干泥量	t/d	167	
均混耦合掺烧单位电耗（处理 1t/d 泥电耗）	kW · h	2	
高效干化掺烧单位电耗（处理 1t/d 泥电耗）	kW · h	50	
饱和蒸汽（处理 1t/d 泥损耗）	t/t	0.8	
压缩空气	Nm^3/h	4.5	
年利用数	d	300	
系统利用率	%	100	
装置寿命	a	20	

本项目年处理湿污泥量约 15×10^4 t，进行燃煤耦合污泥发电技改后，污泥掺烧按照年利用小时数 7 200 h（100%BMCR 运行）考虑，锅炉 BMCR 工况节约标煤量为 10 735t/a，标煤价按 1 000 元 /t（不含税）计，节约费用约 765 万元(不含税)，折算成（热值为 20 360 kJ/kg）设计煤种为 15 442 t/a，相当于每年减少二氧化碳排放 37 355 t，二氧化硫排放 74 t。

九、国能（承德）龙源火电协同污泥资源化利用项目

（一）项目概况

国能（承德）龙源火电协同污泥资源化利用项目（以下简称“承德污泥项目”）位于承德电厂厂区内，承德电厂目前装机 3 × 330 MW，分属国能承德热电有限公司和国能滦河热电有限公司，承德热电有限公司两台机组 2008 年投产发

电，滦河热电有限公司一台机组 2013 年投产发电。

承德市共有 14 家污水处理厂，总处理规模为 58×10^4 t/d，产生 80% 含水率污泥约 390 t/d。目前各污水处理厂污泥的出路比较单一，主要用于水泥厂、砖厂的协同焚烧，辅助用于蚯蚓养殖、垃圾填埋和高温好氧发酵堆肥等，但处置产能不稳定，经常受环保影响停运。

本项目依托承德电厂高效燃煤发电系统以及超低排放的环保设施，在承德电厂厂内建成两套污泥直掺焚烧系统（称污泥直掺系统），一套用以处理承德市辖区内含水率约 80% 的生活污泥（称湿污泥）；另一套用以处理承德市中心城区含水率约 20%~60% 的生活污泥（称半干污泥）。总处理规模设计为 250 t/d。

本项目是以污泥资源化处理为核心，提高废弃物的综合利用，对促进社会经济的发展具有十分重要的意义。

承德污泥项目实景如图 3.16 所示。

◆ 图 3.16　承德污泥项目实景

（二）技术路线及方案介绍

结合承德电厂 3×330 MW 燃煤机组的综合能源平台建设契机，本项目在承德公司原有污油泵房及供卸油泵房处建设两套污泥接卸、存储及供应系统，并含配套的除臭、冲洗及输煤皮带侧布料系统等。新建一个污泥卸料地坑，设湿污泥、半干污泥两个卸料仓，全地下布置，总容积约为 290 m^3。含水率 80% 的湿污泥经过污泥螺杆泵、管道、卸泥装置送至 C5AB 皮带与原煤掺混。螺杆泵设两台，一用一备，输泥管道为单路布置。含水率 20%~60% 的半干污泥经过铺底螺旋输送机、Z 字形刮板机、刮板机以及双向螺旋输送机送至 C4AB 皮带与原煤掺混，经皮带输送至锅炉制粉系统进入炉膛掺烧。

含水率 ~80% 湿污泥直掺工艺系统如图 3.17 所示。

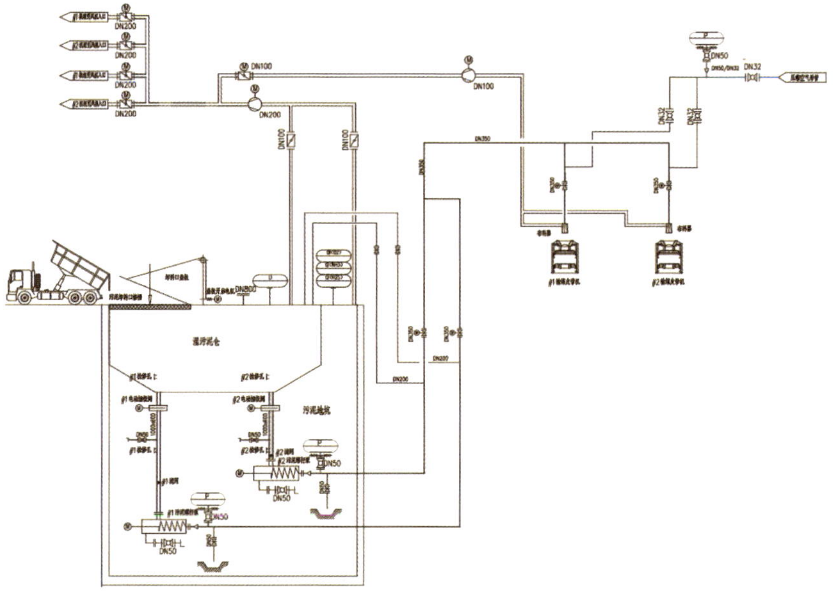

◆ 图 3.17　含水率 ~80% 湿污泥直掺工艺系统

含水率 20%~60% 半干污泥直掺工艺系统图如图 3.18 所示。

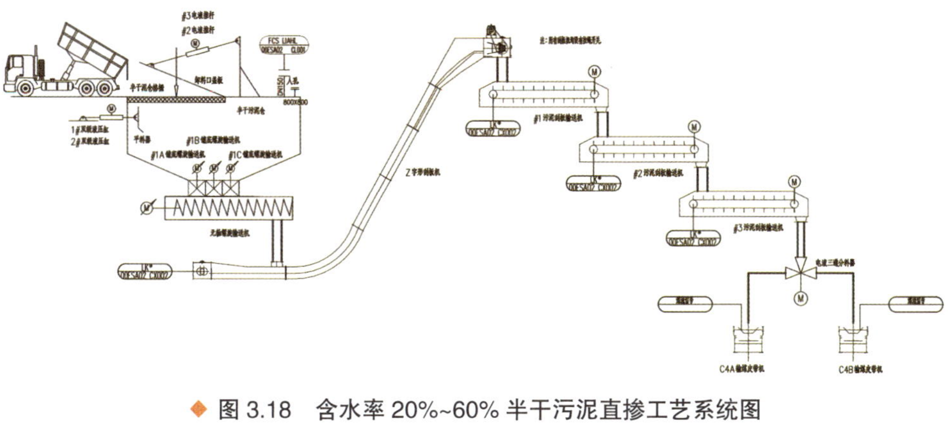

◆ 图 3.18　含水率 20%~60% 半干污泥直掺工艺系统图

（三）项目技术经济指标与环境指标

承德污泥项目主要技术经济指标见表 3.10。

表 3.10　承德污泥项目主要技术经济指标

项目	单位	数据
湿污泥处理量	t/d	150
湿污泥含水率	%	80
半干污泥处理量	t/d	100
半干污泥含水率	%	20~60
污泥处理规模	t/d	250
电耗	（kW·h）/t	3
水耗	t/d	1
压缩空气	Nm^3/d	1
年运行天数	d	300
系统利用率	%	80（三年达产）
装置寿命	a	20

本项目年处理生活污泥近 7.5×10^4 t，节约标煤 0.53×10^4 t，综合经济收益达到 1 500 余万元，不仅可以在较低处理成本下安全环保地处置城市污泥，节能减排效果显著，而且还能最大限度地实现资源化利用，具有良好的环境效益、社会效益和经济效益。

十、国能（陈家港）龙源火电协同污泥处理中心项目

（一）项目概况

国能陈家港电厂现役 2×660 MW 国产超超临界燃煤发电机组（脱硫脱硝工程同步建设）分别于 2011 年 8 月和 2011 年 12 月陆续建成投产。锅炉采用上海锅炉厂有限公司生产的 660 MW 超超临界四角切圆燃烧、螺旋管圈及垂直相结合水冷壁变压直流锅炉，年耗煤量约为 240×10^4 t（标煤）。

响水县主要污水处理厂、印染企业及园区造纸厂污水处理过程中产生的污泥，

以含水率为 80% 计约为污水处理量的 0.05%。统计显示市政污泥量约为 56 t/d，印染污泥 10 t/d，造纸污泥等约 108 t/d，合计 174 t/d。

本项目依托陈家港电厂 2 台 660 MW 高效燃煤发电系统以及超低排放的环保设施，建设两套污泥直掺焚烧系统，一套主要用以处理响水县及周边废水处理厂含水率 80% 的生活污泥；另一套用以处理含水率 60% 的生活污泥、印染污泥、造纸污泥和废渣等。总处理规模设计为 200 t/d，其中含水率为 60% 的生活污泥和工业固废（造纸污泥、印染污泥为主）150 t/d，含水率为 80% 的生活污泥 50 t/d，年处理生活污泥和工业固废约 6×10^4 t。

陈家港污泥项目实景如图 3.19 所示。

◆ 图 3.19 陈家港污泥项目实景

（二）技术路线及方案介绍

本项目在生产厂区内建设两套污泥直接掺烧的处置装置，一套建设地下湿污泥仓，含水率 80% 的污泥经过污泥螺杆泵、管道、卸泥装置送至 C4AB 输煤皮带。螺杆泵设两台，一用一备，管路、卸泥装置合并为一路布置。另一套建设地下半干污泥仓，含水率 20%~60% 的污泥经过铺底螺旋输送机、Z 字形刮板机、两台刮板机以及双向无轴螺旋输送机送至 C4AB 输煤皮带。污泥在 C4AB 输煤皮带与煤掺混，然后通过输煤系统送入电厂锅炉焚烧。

（三）项目技术经济指标与环境指标

陈家港污泥项目主要技术经济指标见表 3.11。

表 3.11　陈家港污泥项目主要技术经济指标

项目	单位	数据
湿污泥处理量	t/d	50
湿污泥含水率	%	80
半干污泥处理量	t/d	150
半干污泥含水率	%	≤ 60
电耗	kW · h	~130
水耗	t/d	1（平均值）
压缩空气	Nm^3/min	0.2（瞬时）
年运行天数	d	300
系统利用率	%	100
装置寿命	a	20

本项目年处理生活污泥和工业固废近 6×10^4 t，节约标煤 0.43×10^4 t，具有环保经济双重效益优势。

十一、国能（永福）龙源火电协同污泥资源化利用项目

（一）项目概况

国能（永福）龙源火电协同污泥资源化利用项目位于国能永福发电有限公司（以下简称“永福电厂”）现有场地内，厂内地址位于脱硝氧化风机房东侧，新建液氨改尿素项目南侧空地。永福电厂位于桂林市永福县苏桥镇，西南距永福县城约 18 km，东北距桂林市约 30 km，总装机容量 640 MW，即二期（#3、#4）2 × 320 MW 机组，两台机组分别于 2007 年 1 月和 7 月投产发电。

截至 2020 年底，桂林市建成并运行的县级以上生活污水处理厂 27 座，污水处理总规模约 77×10^4 t，桂林市区及永福周边区域污水总处理规模约 53×10^4 t/d。按照每万吨污水可产生 5 t 污泥计算，桂林市区及永福周边区域产生的含水率 80% 污泥约 265 t/d，其中市区约 190 t/d。

依托永福电厂高效燃煤发电系统，以及超低排放的环保设施，在永福电厂厂内建成一套污泥均混耦合掺烧系统，用以处理桂林市辖区内含水率 60%~80% 的生活污泥（简称湿污泥），总处理规模设计为 200 t/d，能够有效解决桂林市辖区生活污水处理厂污泥无害化处置能力不足的现有问题。

永福污泥项目实景如图 3.20 所示。

◆ 图 3.20　永福污泥项目实景

（二）技术路线及方案介绍

本项目采用污泥地坑接卸污泥，并设置高位缓存仓增加污泥缓存空间，用螺杆泵及无轴螺旋输送机等输送设备输送污泥，螺旋出口与磨煤机进料口相连与原煤掺混，每台螺杆泵对应一台机组，通过终端螺旋与调节阀组保证每台机组的进泥量，经制粉后送至锅炉焚烧，建设污泥地坑 1 座，高位缓存仓 1 座，物料输送系统 1 套。技术路线简单可靠，技术风险低，风险可控。

（三）项目技术经济指标与环境指标

永福污泥项目主要技术经济指标如表 3.12 所示。

表 3.12　永福污泥项目主要技术经济指标

项目	单位	数据
湿污泥处理量	t/d	200
湿污泥含水率	%	60%~80%
电耗	kW/t	7
水耗	t/d	1
压缩空气	Nm^3/d	1
年运行天数	d	300
系统利用率	%	75
装置寿命	a	20

本工程依托永福电厂所拥有的相关配套设施来实施，具有资源优化、绿色环保、节约投资、节约能耗、促进电厂升级转型等多重意义。项目有着显著的社会

效益和环境效益，可借助大型燃煤锅炉热负荷容量大、超低排放环保的平台，发挥优势，实现对污泥的无害化、减量化、资源化利用，具有较强的可行性。

十二、国能神福（龙岩）龙源火电协同污泥处理中心项目

（一）项目概况

国能神福（龙岩）龙源火电协同污泥处理中心项目位于国能神福（龙岩）发电有限公司（以下简称“龙岩电厂”）厂区内，龙岩电厂隶属于国家能源集团福建公司，地处龙岩市新罗区雁石镇龙雁经济开发区，装机 2 × 300 MW，采用循环流化床锅炉燃烧技术，是福建省“十一五”重点工程和应急电源项目，于 2010 年投产，2016 年 1 月全面完成脱硫脱硝超低排放改造。

目前龙岩电厂周边污泥量约 4.15×10^4 t/a，其中远期印染污泥（一般工业固废，非危险废物）量约 0.5×10^4 t/a。考虑后期污水厂扩建及设计裕量，本项目设计一套处理规模为 200t/d 的污泥处置系统，处置含水率约 80% 的生活污泥及一般工业固废。

龙岩污泥项目实景如图 3.21 所示。

◆ 图 3.21　龙岩污泥项目实景

（二）技术路线及方案介绍

本项目主要处理生活及工业污泥（一般工业固废），处理量 200 t/d，采用污泥直接入炉掺混的技术方案，建设污泥储仓 1 套，物料输送系统 1 套。污泥车直接将含水率 80% 污泥卸至卸泥斗内，仓下设置 3 台螺杆泵，负责将污泥输送至锅炉后墙加泥点。锅炉加泥点设置冷却风进行管口冷却。

（三）项目技术经济指标与环境指标

龙岩污泥项目主要技术经济指标如表 3.13 所示。

表 3.13 龙岩污泥项目主要技术经济指标

项目	单位	数据
湿污泥处理量	t/d	200
湿污泥含水率	%	80
电耗	kW/t	10.6
水耗	t/d	20
压缩空气	Nm^3/min	1
年运行天数	d	330
系统利用率	%	100
装置寿命	a	20

本项目依托龙岩电厂现有燃煤锅炉的高温参数以及超低排放的完整环保设施，建设污泥直掺焚烧系统，接收并掺烧城乡生活污水处理厂污泥及鉴别为一般工业固体废物污泥。该项目为环保型项目，以处理速度快、减量化程度高、能源再利用等突出特点，缓解了区域污水处理厂污泥的处理压力，实现了污泥减量化、无害化与资源化的环保效果，具有较大的环境和社会效益价值。

十三、国能神皖马鞍山公司污泥干化掺烧处理项目

（一）项目概况

国能神皖马鞍山发电有限责任公司现有 4 台 330 MW 机组运营，总装机容量 1 320 MW。1、2 号机组分别于 1995 年 12 月和 1996 年 12 月投入运行，3、4 号机组分别于 2006 年 7 月和 11 月投入运行。锅炉型式为亚临界压力、一次中间再

热、自然循环、单炉膛、全悬吊露天布置，平衡通风，尾部双烟道，燃煤汽包炉，四角切圆燃烧、挡板调温。每台炉有四套中间储仓式制粉系统。

马鞍山市主要污水处理厂有 8 家，污泥总产量约为 312.5 t/d。污水处理厂的生活污泥堆肥处置方式以填埋为主，少量进行焚烧、制砖和干化造粒，造成严重的环境污染和资源浪费。伴随马鞍山市主要污水处理厂扩建工程的开展，处理规模的扩大，污水处理量和污泥产生量逐年新增，目前污泥堆肥填埋的处理方式已不能满足当前国家环保政策的要求，为此国能神皖马鞍山公司以污泥无害化处理为核心，发起了城市污泥掺烧项目，采用将干化处理后的城市生活污泥与燃煤均匀掺混后送入炉膛焚烧的技术路线，以解决马鞍山市污水处理设施波峰增量期间的污泥处置问题，并为未来马鞍山市远期污泥等固体废弃物增量处置做好承接工作。

经过全体参建人员的共同努力，马鞍山公司城市污泥掺烧项目一期工程现已全面完成，于 2023 年 1 月 1 日投入运营，共建成 2 条 100 t/d 城市污泥协同焚烧生产线，处置规模为 200 t/d，可吸纳马鞍山市 8 家污水处理厂产生的污泥，将人人避而远之的“垃圾”，经过无害化处理，变成能够发电的“原料”，真正实现对污泥的无害化、减量化、资源化利用。这为马鞍山市城市污泥处置作出了积极贡献，获得好评。

国能神皖马鞍山公司污泥干化掺烧处理项目设计图如图 3.22 所示。

◆ 图 3.22　国能神皖马鞍山公司污泥干化掺烧处理项目设计图

国能神皖马鞍山公司污泥干化掺烧处理项目实景如图 3.23 所示。

◆ 图 3.23　国能神皖马鞍山公司污泥干化掺烧处理项目实景

截至 11 月 24 日，安徽马鞍山电厂 2024 年累计掺烧处理城市污泥达 55 956 t。强化责任担当，明确设备管理责任。实行污泥掺烧全过程生产链管控，从污泥接卸、现场环保管控、运行参数调整等各个环节均制订详细的工作规范与操作要求；密切监视参数指标，认真做好掺烧设备的启停操作，确保污泥掺烧运输流畅、掺配科学、控制精准，不仅机组运行工况正常，且环保排放数据达标。技术人员精钻细研，成立污泥掺烧技术创新 QC 小组，针对污泥掺烧过程中出现的难题攻关解决，先后解决了干化机乏气系统无负压、冷凝器乏气出口温度高等问题，保障设备运行安全稳定，环境效益和社会效益显著，助力打造“无废城市”。先后获得中国节能协会热电产业委员会“综合能源技术创新奖二等奖”、安徽公司 2023 年度奖励基金获奖项目三等奖、实用新型专利 1 项等荣誉（图 3.24）。

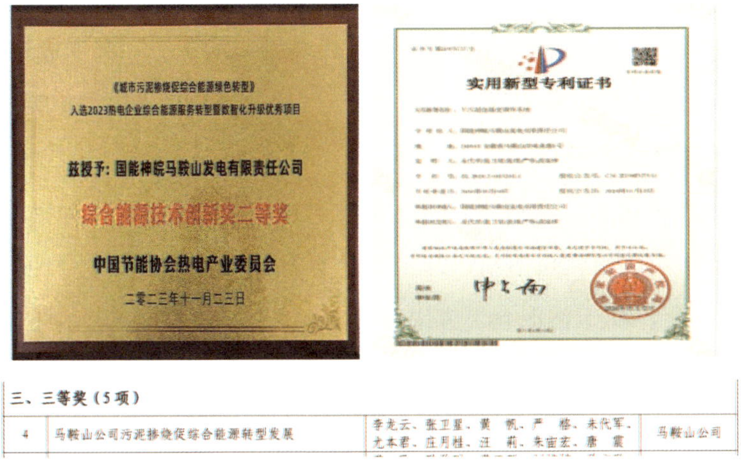

◆ 图 3.24　获奖荣誉图

（二）技术路线及方案介绍

为降低掺烧生活污泥对煤粉炉的影响，采用以热导型卧式圆盘干化机为关键设备的干燥系统，将湿污泥（~80% 含水率）热干化到 ~40% 含水率。干燥后的污泥与煤场燃料混合进入磨煤系统制备燃料。加热蒸汽经冷凝、回收之后，经水泵送入锅炉给水系统进行利用。生活污泥干化冷凝废水经水处理装置处理之后作为工艺水回用。

1. 污泥卸料系统

含水率 ~80% 的污泥由市政用罐车送至污泥卸料车间。湿污泥直接卸至地下湿泥仓，经由抓斗提升至干化机前料斗，料斗底部设有螺旋给料机，湿污泥由螺旋给料机送入干化机进行干化脱水。每台干化机对应一个湿污泥仓，每个仓有效容积 150 m^3，可储存 1.5 d 的污泥处理量。

污泥卸料车间和干化车间采取负压抽气，卷帘门只在卸料时才开启，平时处于关闭状态。

2. 污泥干化系统

采用蒸汽干化机将系统输送的 ~80% 含水率的湿污泥干化至 40% 含水率以下的干污泥。干化用蒸汽参数为压力 0.5~0.6 MPa，温度 150~180 ℃；蒸汽进入干化机后在底部凝结成液态水，通过疏水阀组排出机体，送至疏水箱暂存，再由一套疏水泵增压后送至厂区疏水回收系统，降低除盐水的消耗。干化机载气通过载气入口进入干化机内部，与从物料中干燥蒸发出的水分一起形成干化机载气，通过载气管道进入旋风除尘器除尘后，经乏气冷却系统送入锅炉炉膛内焚烧。

3. 干污泥转运系统

经干化机干化后出料的干污泥的温度约 90 ℃，经污泥冷却机冷却后基本无臭味。干污泥从干化机落料口卸至（地下）干污泥输送皮带，经斗提机先送至 #1 干污泥仓。#1 干污泥仓下方出料至上料系统附近的 #2 干污泥仓。#2 干污泥仓中的干污泥再经输送皮带和斗提机送至原煤斗顶部布料皮带，实现与原煤一定配比（2%~3%）后进入原煤斗，最后经过磨煤机之后进入锅炉。干污泥输送采用密闭结构，原煤斗顶部布料车间也采取密闭结构，并设置负压抽气装置。

VOCs（臭气）搜集之后与二次风混合作为助燃风送锅炉焚烧。

4. 污泥乏气处置系统

污泥乏气经旋风除尘器除去乏气携带的干污泥后，进入冷凝器经循环冷却水间接换热冷却降温，乏气析出大量废水，降低了乏气中的含水量，然后由乏气与二次风混合送锅炉焚烧，实现废气零排放。

生活污泥干化冷凝废水经水处理装置处理之后作为工艺水回用。

5. 循环冷却水系统

冷凝器循环冷却水与乏气间接换热，冷却水经使用后水质未受污染，仅水温升高约 8~10 ℃，利用余压上冷却塔，冷却后的水由泵组加压循环使用。为维持系统正常运行，不产生结垢或腐蚀，设有投加水质稳定的加药设备。为保证循环水水质，系统需强制排污。

马鞍山污泥项目工艺流程图如图 3.25 所示。

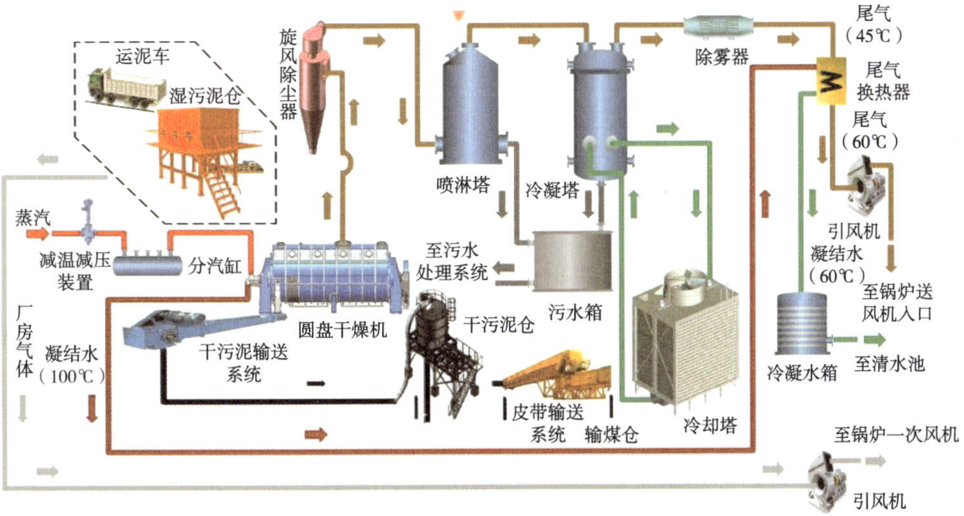

◆ 图 3.25　马鞍山污泥项目工艺流程图

（三）项目技术经济指标与环境指标

该项目实现了污泥的无害化、稳定化、减量化和资源化（简称“四化”），有效解决污泥污染城市的市容问题，助力我国的城镇化文明建设。利用该技术降低污泥的含水率，提升污泥的热值，节约煤耗约 2 976 t 标煤 /a，可以减碳排放量约 0.77 t/a。

国能神皖马鞍山污泥项目主要技术经济指标见表 3.14。

表 3.14　国能神皖马鞍山污泥项目主要技术经济指标

项目	单位	数据	备注
处理污泥量	t/d	200	一期规模
湿污泥含水率	%	~80	
干污泥含水率	%	~40	
产出干泥量	t/d	66.7	
产出污水量	t/d	133.3	
电耗	kW · h/d	7 600	
饱和蒸汽	t/d	160	
年利用天数	d	330	
系统利用率	%	100	
装置寿命	a	24	

十四、国能神皖池州发电有限责任公司污泥掺烧项目

（一）项目概况

国能神皖池州发电有限责任公司（以下简称“池州公司”）厂址位于长江南岸池州市东北约 13 km 处，属江口乡大兴一队至三队地界，厂址北靠长江大堤，东靠虎行山，西距池州江口轮渡约 3 km，南距贵铜公路约 1.1 km。电厂一期建设规模为 2×320 MW 的燃煤发电机组，两台机组分别于 2005 年 9 月和 12 月投产发电；二期扩建 2×660 MW 的超超临界二次再热燃煤发电机组，两台机组将于 2025 年 8 月投产运行。电厂距离池州市区约 17 km，距离铜陵市约 50 km，交通方便。

本项目在池州公司厂区内一期煤场的西南角区域建设一套污泥接卸、存储及供应系统，并含配套的除臭系统等。污泥储存仓布置在 #5 皮带上方，容积约为 $30m^3$，污泥采用螺旋输送机（可变频调节）输送至 #5A、#5B 输煤皮带之后，与燃煤混合后进入锅炉燃烧。

本项目设计产量为 70 t/d（设计含水率约 70%），与电厂燃煤均匀掺混，再经磨煤机送入炉膛焚烧处理。现日均处置湿污泥量为 65 t（日均处置量为最大处置能力的 92%），按照年运行 320 d 计算，每年保障处置污泥量为 2×10^4 t。

池州污泥掺烧项目实景如图 3.26 所示。

◆ 图 3.26 池州污泥掺烧项目实景

(二)技术路线及方案介绍

本项目采取均混耦合掺烧方式，含水率 60% 左右的污泥经汽车运输至煤场事故煤坑口，卸入 #2 事故煤坑口经下方振动式给煤机落入 #3 皮带机（事故煤坑皮带），然后输送至 #4 转运站内的污泥仓。污泥仓顶部与 #3 皮带头部落煤管相连接。污泥仓内配有液压滑架，防止污泥在仓内搭桥，仓下配有卸泥螺旋输送机，螺旋输送机将污泥卸入 #5A/B 皮带输送机，与燃煤混合后进入锅炉燃烧，实现污泥的稳定化、无害化、减量化和资源化处理。

池州电厂污泥掺烧流程图如图 3.27 所示。

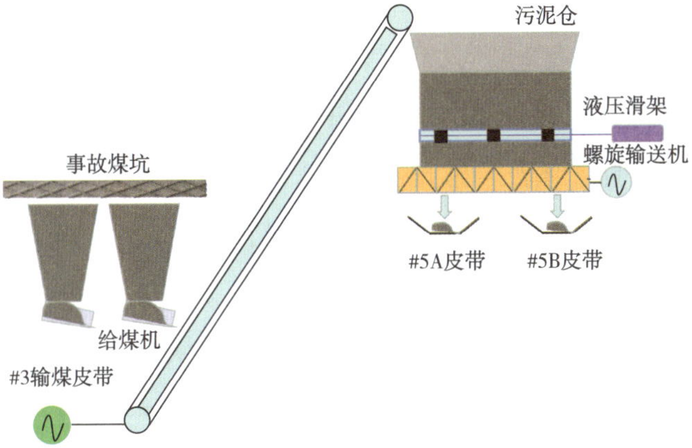

◆ 图 3.27 池州电厂污泥掺烧流程图

（三）项目技术经济指标与环境指标

池州污泥项目主要技术经济指标见表 3.15。

表 3.15 池州污泥项目主要技术经济指标

项目	单位	数据
湿污泥处理量	t/d	70
湿污泥含水率	%	60
电耗	kW · h/t	3.5
年运行天数	d	320
系统利用率	%	85
装置寿命	a	20

本项目充分发挥池州公司生产技术力量，结合自身设备特点，确定最佳优选方案，实现厂内现有设备设施利用率最大化，既降低了新增输送设备成本投入，又很好地解决了含水率 60% 污泥输送、安全掺烧等难题；项目年处理污泥量可达 2×10^4 t，有效解决所在城市固废处理的痛点、难点问题，在一定程度上缓解了城市污泥处置压力，进一步提高城市服务质量，促进城市的可持续发展和污泥资源化利用，为池州市节能减排和循环经济作出贡献。

十五、国能谏壁发电厂污泥掺烧项目

（一）项目概况

国家能源集团谏壁发电厂（以下简称“谏壁发电厂”）位于江苏省镇江市东南约 15 km 的谏壁镇，在长江南岸，处于苏南电网中心。厂址北面为长江，南面紧靠镇常国家公路（镇江 – 常州）及沪宁高速公路、沪宁铁路，地理位置优越，交通便利，是连接华东三省一市和江苏苏南苏北两片的重要枢纽，属国家特大型企业。谏壁发电厂是华东电网的主力电厂之一。目前一、二、三期 6 台小机组已全部拆除，四、五期 4 × 330 MW 机组处于关停状态，在役机组为六期 #11、#12 机组（2 × 330 MW）、七期 #13、#14 机组（2 × 1 000 MW），全厂总容量为 2 660 MW。

本项目在谏壁发电厂生产厂区内煤场南侧建设一套生活污泥掺烧处置装置。项目分两期建设。一期工程采用泵送的方式直接将污泥输送到系统皮带机上掺烧掺配；二期工程采用搅拌器将污泥与原煤搅拌后直接落入皮带机上进行掺烧搭配。

一期项目处置污泥含水率为 80%，一期系统最大处置能力为 200 t/d，占地约 350 m^2。按年运行 330 d 计算，年最大处置污泥量为 6.6×10^4 t。

二期项目处置污泥含水率为 60% 以下，二期系统最大处置能力为 200 t/d，占地约 600 m^2。按年运行 330 d 计算，年最大处置污泥量为 6.6×10^4 t。

谏壁污泥掺烧项目实景如图 3.28 所示。

◆ 图 3.28　谏壁污泥掺烧项目实景

（二）技术路线及方案介绍

本项目在谏壁发电厂生产厂区内建设两套污泥直接掺烧的处置装置。

一期 80% 含水率湿污泥掺烧装置建设地下湿污泥仓，通过螺杆泵送至电厂 C13AB 和 C5AB 输煤皮带，与布料器进行混合。

二期 60% 含水率以下干污泥掺烧装置建设有地下污泥仓、原煤仓、搅拌器等装置。由运泥车卸至地下泥仓内，泥坑内的污泥、煤粉在重力作用下落至皮带机上，并通过皮带机输送至搅拌器中混合，搅拌器设置在 #5 煤场皮带机上方，污泥与原煤混合物均匀地落在输煤皮带煤层上方。

两套系统的污泥掺混后满足后续处置采用焚烧（电厂掺煤混烧）的要求。

（三）项目技术经济指标与环境指标

本项目年处理生活污泥超 5×10^4 t，年节约标煤 0.43×10^4 t，年收入破“千万”，具有环保经济双重效益优势。

十六、国能南宁发电有限公司污泥掺烧项目

（一）项目概况

国能南宁发电有限公司（以下简称“国能南宁电厂”）位于广西南宁市以东横县良圻镇，与南宁市相距约 50 km，建设条件较好。电厂现役 2 台（2×660 MW）机组，#1 机组于 2010 年 5 月开工建设，2011 年 12 月 16 日首次并网投入运行；#2 机组于 2011 年 5 月开工建设，2012 年 7 月 2 日首次并网投入运行。

本项目在国能南宁电厂厂区内 #1 煤场的东南角区域建设一套污泥接卸、存储及供应系统，并含配套的除臭、冲洗及输煤皮带机侧布料系统等。湿污泥储仓全地下布置，容积约为 200 m^3，污泥采用螺杆泵（可变频调节）输送至 #3A、#3B 封闭式输煤皮带除铁间之后，经混掺后送入现有 2×2 141 t/h 燃煤锅炉掺烧。

本项目针对掺烧含水率约为 80% 的城市生活污泥建设，规划最大污泥处置能力为 200 t/d，占地约 350 m^2。日均处置湿污泥量为 150 t（日均处置量为最大处置能力的 75%），按照年运行 330 d 计算，每年保障处置污泥量为 4.95×10^4 t。

（二）技术路线及方案介绍

本项目在国能南宁电厂生产厂区内 #1 煤场的东南角区域（湿污泥仓基坑易开挖）建设一套污泥接卸、存储及供应系统，并含配套的除臭、冲洗及输煤皮带机侧布料系统等。湿污泥储仓全地下布置，容积约为 200 m^3，污泥采用螺杆泵（可变频调节）输送至 #3A、#3B 封闭式输煤皮带除铁间后，经混掺后送入现有 2×2 141 t/h 燃煤锅炉掺烧，实现污泥的稳定化、无害化、减量化和资源化处理。

（三）项目技术经济指标与环境指标

本项目年处理污泥量可达 5×10^4 t，有效解决所在城市固废处理的痛点、难点问题，在一定程度上缓解了城市污泥处置压力，进一步提高城市服务质量，促进城市的可持续发展和污泥资源化利用，为南宁市节能减排和循环经济作出贡献。

十七、国能寿光生物质掺烧项目

（一）项目概况

国能寿光生物质掺烧项目位于国能寿光发电有限责任公司，寿光现有 2 台 1 010 MW 超超临界燃煤发电机组，锅炉型号为 DG3002/29.3-Ⅱ 1 型，为高效超超临界参数变压运行直流炉，一次中间再热、单炉膛、平衡通风、固态排渣、露天布置（考虑到建筑景观要求，采用局部封闭）、全钢构架，锅炉采用 π 型布置方式，前后墙对冲燃烧方式，燃烧器采用外浓内淡型低 NO_x 旋流煤粉燃烧器，组织对冲燃烧，满足燃烧稳定、高效、可靠、低 NO_x 的要求。

根据本项目前期技术研究及未来寿光周边生物质产量情况，寿光公司生物质耦合发电方案采用直接掺烧方式进行，单台机组生物质燃料设计掺烧量为 25 t/h。

2021 年 1 月，申报山东公司级科技创新项目“1 000 MW 超超临界燃煤机组耦合生物质发电技术研究”，同年项目完成验收。通过实验、数值模拟等方式确定了锅炉生物质掺烧过程关键影响因素，确定了不影响锅炉机组安全、稳定运行下最大生物质掺烧比例及最佳掺烧方式。

2022 年 5 月，集团级科技创新项目“1 000 MW 超超临界燃煤锅炉直接掺烧生物质燃料技术研究与工程示范”开工建设，2023 年 12 月 30 日完成生物质最大掺烧量性能试验，机组具备 25 t/h 的掺烧能力。

2024 年 8 月 2 日，中国电机工程学会完成本项目技术鉴定，为国际领先水平。

国能寿光生物质掺烧项目实景如图 3.29 所示。

◆ 图 3.29 国能寿光生物质掺烧项目实景

（二）技术路线及方案介绍

采用将生物质粉料直接输送至一次风煤粉管道的方式实现掺烧。生物质制料厂家采用粉罐车将粒径 1 mm、水分小于 15% 的生物质粉料运送至电厂，通过空压机将粉料卸至生物质粉仓内储存，单个生物质粉仓设计容积 500 m^3，可满足锅炉设计负荷连续运行 6 h。

生物质制料厂家采用粉罐车将生物质粉料运送至电厂。通过生物质粉料车上配置的空压机将粉料卸至生物质储仓内储存。系统运行时，生物质粉料通过料斗及卸料装置输送至布置于生物质储仓下部的螺旋给料机中。气力输送动力来自罗茨风机，空气经罗茨风机加压后经过后置冷却器降温后满足系统输送要求。在螺旋给料机下部设有风粉混合器，在风粉混合器内加压后的空气将生物质粉料吹起，并通过输送母管管道输送至炉前。在炉前通过生物质风粉分配器将输送母管中的生物质风粉混合物平均分至每个燃烧器前的一次风煤粉管道。在一次风煤粉管道中与煤粉混合，混合后的生物质、煤粉以及空气混合物继续随煤粉管道输送至每台燃烧器，并通过燃烧器喷入炉内燃烧。

该项目成果有利于促进燃煤机组绿色低碳转型，具有良好的社会效益和推广应用潜力。

（三）项目技术经济指标与环境指标

通过性能测试试验可知，系统具备 25 t/h 的掺烧能力，运行过程中未发现对锅炉参数有明显影响。按照年利用 5 000 h 计算，项目具备年掺烧 25×10^4 t 成品生物质燃料的能力，按照现有上网电价，项目发电收入可达 9 837 万元，发电收益 1 110 万元。参照全国碳市场交易情况，CO_2 交易价格为 57.7 元 /t，本项目 CO_2 潜在收益约为 899 万元。两台机组年掺烧 25×10^4 t，项目合计收益为 2 909 万元。后续随着全国碳市场交易的逐渐完善及国家节能减碳要求的日益严格，CO_2 交易价格将会不断上涨，本项目优势也将愈加明显。

项目实施后每年可减少农林废弃物 57×10^4 t（农林生物质水分按照 60% 计），减少农林废弃物堆积可有效改善农村环境，减少因农林废弃物腐烂等带来的环境污染。具有良好的节煤减碳效果，年掺烧 25×10^4 t 生物质燃料可替代标煤 12.5×10^4 t，减少 CO_2 排放 31×10^4 t，减少 SO_2 排放 9 375 t。

十八、国能柳州生物质掺烧项目

（一）项目概况

国能柳州生物质掺烧项目位于国能广投柳州发电有限公司，柳州公司一期工程为 2 × 350 MW 超临界湿冷机组，锅炉为由哈尔滨锅炉厂制造的 HG-1150/25.4-YM1 型，一次中间再热、超临界压力变压运行直流锅炉，单炉膛、平衡通风、固态排渣、全钢架、全悬吊结构、π 型布置，采用启动疏水循环泵的大气扩容式启动系统。锅炉岛为露天布置。制粉系统为中速磨，正压直吹式。

根据柳州鹿寨县周边生物质资源情况 4 个月处置 3×10^4 t 甘蔗叶，每天处理量约为 250 t，折合每小时处理 10.4 t，单台锅炉小时掺烧量为 5.2 t 左右。除甘蔗叶之外，其余时段进行柴禾类农林废弃物处置。

国能柳州生物质掺烧项目实景如图 3.30 所示。

◆ 图 3.30　国能柳州生物质掺烧项目实景

（二）技术路线及方案介绍

甘蔗叶由合作社收集打捆后经电厂原有地磅送至厂区内堆放。打捆的甘蔗叶经破碎、滚筒筛除杂后，经皮带输送机送至风选进料器，筛分大颗粒的石子等较难粉碎的物质。合格的生物质粗破颗粒被吸到磨粉机，磨粉后生物质燃料粒径为 2mm 左右。经磨粉设备磨制合格的粉末进入生物质粉体燃料输送系统，与经罗茨风机加压后的空气混合后输送至原锅炉一次风煤粉管道，经与一次风混合后通过锅炉原有燃烧器进入锅炉焚烧。气力输送系统设置为 2 套，每套对应一台炉，可由对应机组单独控制。

（三）项目技术经济指标与环境指标

本项目盈利主要收入为相同发热量下煤与生物质燃料的差价。目前，本项目甘蔗叶燃料价格约为 240 元 /t（10% 水分，3 000 kcal/kg），标煤价格 1 100 元 /t。本项目年处置 3×10^4 t 甘蔗叶将替代 1.29×10^4 t 标煤，年收入可达 1 419 万元。此外本项目减少碳排放 3.24×10^4 t，按照 2024 年 11 月碳交易价格 100 元 /t，具有潜在碳减排收益 324 万元左右。除去项目原材料采购及系统运行成本，项目甘蔗叶处置期（4 个月）收益约为 414.5 万元（不包括碳减排收益），其他时段处置其他生物质废弃物将会额外增加项目收益。项目实施后每年可减少甘蔗叶废弃物 3×10^4 t，减少甘蔗叶废弃物堆积焚烧等带来的环境污染。具有良好的节煤减碳效果，年掺烧 3×10^4 t 生物质燃料可替代标煤 1.29×10^4 t，减少 CO_2 排放 3.24×10^4 t。

十九、国能长源荆门生物质气化发电项目

（一）项目概况

国能荆门电厂依托三期 2 × 640 MW 燃煤机组分 2 期建设 2 台 8 t/h 常压循环流化床生物质气化炉，用于处置荆门市稻壳和建筑模板。

项目一期于 2012 年 7 月投产，是当时国内首台大型燃煤机组耦合生物质发电示范项目。截至 2023 年 12 月 31 日，项目连续安全生产 3 714 d，设备运行小时达到电厂机组的 95% 以上，各项主要技术指标均达到设计水平；项目累计运行 46 639 h，上网电量 4.76×10^8 kW · h，综合利用生物质资源约 34×10^4 t。

项目二期于 2018 年 8 月投产，截至 2023 年 12 月 31 日，项目连续安全生产 1 944 d，设备运行小时达到电厂机组的 95% 以上，各项主要技术指标均达到设计水平；项目累计运行 28 198 h，上网电量 2.87×10^8 kW · h，综合利用生物质资源约 20.5×10^4 t。

荆门生物质气化发电项目实景如图 3.31 所示。

◆ 图 3.31　荆门生物质气化发电项目实景

（二）技术路线及方案介绍

国能长源荆门生物质气化发电项目位于国能长源荆门发电有限公司生产厂区内，依托荆门电厂三期 6 号、7 号两台 640 MW 燃煤机组建设两台 8 t/h 生物质气化炉。项目采用的气化炉为常压空气生物质循环流化床气化炉，采用负压运行，空气为气化剂，燃气中氮气占比约 50%，有效气体（$CO+H_2$）成分占比约 25%。本项目采用高速循环流化床生物质气化工艺，同步建设配套的生物质燃料储存设施、输送设施及燃料气输送设施，将稻壳、秸秆、成型燃料等生物质原料气化为燃气，送入电厂现有 640 MW 超临界燃煤机组锅炉再燃，利用火力发电厂的高参数发电系统实现耦合发电。入炉燃气含尘量低于 10 g/Nm^3，燃气热值约 1 500 kcal/Nm^3，气化热效率约 85%。

燃煤电厂耦合生物质气化流程图如图 3.32 所示。

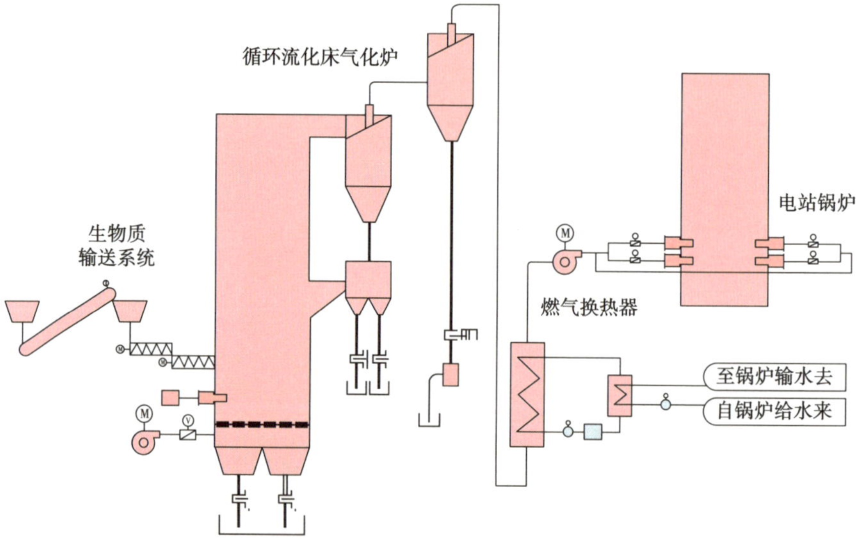

◆ 图 3.32　燃煤电厂耦合生物质气化流程图

（三）项目技术经济指标与环境指标

国能荆门生物质气化发电项目主要技术经济指标见表 3.16。

表 3–16　国能荆门生物质气化发电项目主要技术经济指标

项目	单位	数据
设计容量	MW	10.8
年平均运行时间	h	约 5 200
生物质消耗量	t/h	8
产气量	Nm^3/h	16 000
燃气热值	kJ/Nm^3	5 500~6 500
气化强度	$kg/（m^2 \cdot h）$	1 500~1 600
气化效率	%	≥ 75
燃气产率	Nm^3/kg	≥ 2
气化炉热效率	%	≥ 80
碳转换率	%	>90
生物质适用种类	—	稻壳、玉米秸秆、花生壳、棉秆、锯末、树皮等

以项目年运行 5 000 h 计，每年消耗稻壳、秸秆等生物质约 8×10^4 t，能有效节约煤炭资源折算成标煤量约为 4×10^4 t，可减少排放二氧化硫 318 t/a，减排烟尘 50 t/a，减排 NO_x 350 t/a，减排二氧化碳 8×10^4 t/a，能有效缓解农民焚烧秸秆造成的“狼烟”及“雾霾”的污染，生物质气化燃气在电厂锅炉燃烧后经火力发电厂超净排装置处置后达到燃煤火力发电厂超净排放标准。

第四章

商业模式与盈利模式

集团内煤电机组耦合固体废弃物掺烧业务已拓展出具有“政企融合”“区域环保融合”“专业化固废环保管家”等特点的多种新型燃煤电站协同固废处置的商业模式。

一、商业模式

煤电机组耦合固废掺烧是以集团所属燃煤电厂为主体开展的一种综合能源项目，收益率应满足集团公司投资管理要求。项目执行时宜与集团内部专业化单位开展合作，在符合集团公司对综合能源项目管理的相关规定的前提下，可从以下几种商业模式中择优选择。

（一）BOO 模式

项目由专业化单位进行投资、建设和经营，并且拥有其资产，取得收益与电厂进行分享。该模式具有合同期长（全生命周期）、项目权益高度统一的特点。

（二）BOT 模式

项目由专业化单位进行建设和经营，并在运营期满后转让其资产，经营期间取得收益与电厂进行分享，转让后收益完全属于电厂。

（三）EPC 模式

按照合同约定，电厂委托专业化单位对固废掺烧项目进行设计、采购、施工、试运行等全过程承包，后期运营完全由电厂自主运营。

（四）EMC 模式

EMC 模式是合同能源管理用减少的能源费用来支付节能项目全部成本的节能投资方式。按照合同约定由乙方提供项目设计、项目融资、设备采购、工程施工、设备安装调试、人员培训等服务，从电厂获得固废处置效益中收回投资和取得利润。

二、盈利模式

固废掺烧项目盈利途径主要有固废处置直接收益、政府环保补贴、电厂共享收益及能源利用费用。

（一）政府补贴

固废处理是环保行业的重要组成部分，政府通常会给予一定的补贴支持，旨在鼓励各地有效整合和统筹安排现有各类环境保护资金，加大对环境综合治理的投入。这些补贴可以用于覆盖运营成本、提高利润率，或者用于扩大业务规模。环保补贴金额与地方政策相关，以污泥处置方式以及达到的效果作为衡量标准。

（二）收取固废处理费

固废掺烧项目为城市、工业园区等提供固废处理服务，向客户收取相应的处理费用。这些费用是项目的主要收入来源之一，通常由政府部门或行业协会依据“成本 + 合理收益”主导并制定标准。

（三）电厂共享收益

电厂以污泥焚烧服务为契机，向专业化公司收取配套服务费用，包括但不限于水、电、蒸汽、公用设施使用费，以及固废处置费、场地租赁等费用。同时，也可与产废单位签订直供电合同，每年可增加售电量、售蒸汽量等收入。

（四）能源利用收益

固废处理项目可以通过对固废进行焚烧或其他处理方式，代替燃煤焚烧节约相应的标煤，将其转化为电力或热力等能源，这些能源可以出售给周边社区或工业园区，为电厂带来节煤收益。

以常州污泥掺烧项目为例，污泥处置价格约 320 元 /t，年污泥处置量 15×10^4 t，污泥处置直接收入约 4 800 万元，利润 1 940 万元。项目一次性获得了太湖流域水环境综合治理省级专项资金 2 440 万元。

第五章

总结与建议

一、总结

常州污泥项目是国内首个“结合 630 MW 大型煤电机组资源化处置多种污泥固废关键技术研究及工程示范项目”，是国家能源集团江苏公司致力于综合能源服务转型的重要探索，是龙源环保公司服务国家生态环境保护战略，打造“一站式”生态环境综合治理工作的坚实迈步。达州污泥项目圆满解决了达州市生活污泥的环保处理问题，体现火电企业快速响应市政府环保号召，有效发挥央企“稳定器”和“压舱石”作用。青山污泥项目将青山热电打造成为守护疫情中的城市之光。恒泰、承德、宿迁等项目突破了适用于多种工业固废输送储存等技术难点，解决了该技术推广的环保“后顾之忧”。荆门生物质项目是国内首个利用生物质气化发电项目，开创了将生物质气化－再燃发电技术运用到现代大型火力发电机组的先河。寿光生物质掺烧项目是国内首台 1 000 MW 超超临界机组直接掺烧生物质项目，解决了当地蔬菜废弃物堆积及最终消纳问题，为当地政府解决了后顾之忧，体现了国企担当。柳州生物质掺烧项目全流程实现了甘蔗叶废弃物的“收＋储＋运＋加工＋消纳”，解决了废弃物直接焚烧带来的环境问题。以上固体废弃物“静脉”消纳典型案例成绩值得肯定，经验值得推广。

本书对众多典型案例技术路线深入探究，根据以往项目经验，对新建煤电机组预留固废掺烧场地和接口建议如下：以火电厂处置规模 500 t/d 污泥为例，高效干化项目需要场地大约 1.2×10^4 m^2；考虑到污泥上料的便利性，场地位置宜布置在距离输煤皮带较近位置，此技术加泥点的灵活性很高，可根据电厂的实际情况确定合适的加泥点位置；目前技术可做到高效干化 1t 污泥，消耗蒸汽量控制在 0.7~0.9 t，耗电控制在 30~50 kW · h；除少量生活用水外，自制冷却水可满足系统用水需求。值得注意的是以上经验具有一定的普适性，随着技术路线的不断优化，相应的技术参数将会发生迭代更新。

为顺利搭建更多彰显国企担当、解决城市痛点问题的生态共享型能源环保服务平台，深挖动静脉协同消纳的创新模式，今后一个时期的工作将从以下方面开展：

一是紧紧围绕“后工业化时代”火电企业新定位，以优势互补为社会的固废处置排忧解难。将“开放共享型能源服务商”理念深植火电企业发展战略中，将火电企业与地方支柱产业深度绑定，破解城市发展的固废处置痛点问题。推出新标准，推进体系化、模块化项目实施，最终实现产业化。不断探索将成熟商业模式推广复制，推进工业资源循环利用，提升火电企业的生存活力和可持续发展能力，有效协同促进行业内外、社会上下共享新工业循环模式成果。

二是不断引入技术“源头活水”，深入挖掘“火电＋固废处置”实施路径。在“碳达峰、碳中和”背景下，火电企业应瞄准“节能”发力点，做城市供能的“动脉”和“静脉”，打破资源地域限制，积极开拓针对其他固废综合利用的技术储备，拓展包括污泥处置、生物质掺烧耦合、油泥处置、药渣处置、生物质耦合发电等多种固废处置方向。

三是创新合作模式，激活合作渠道。针对固废处置项目“区域政策性强、用户需求多样化、整体方案系统性强、商业模式灵活多样”等特点，找准定位，探索一体化合作新商业模式，推进业务拓展，孕育更多经济效益佳、环保效果好的示范项目。

二、建议

1. 结合城市固废处置需求，将电厂深度融入城市发展当中，打造绿色低碳能源环保服务平台，为降低区域二氧化碳排放作出贡献。

2. 优化和完善火电行业＋固废处置产业链，满足固废减量化、无害化和资源化需求，助力国家战略，成为区域环境综合治理的压舱石。

3. 深刻认识到火电低碳绿色转型的重要意义，发挥节能环保领域隐形冠军作用，积极推动以“动脉供给、静脉消纳”的协同模式引导火电企业综合能源转型，保障和助力火电企业绿色低碳发展。

当前，“碳达峰碳中和”等国家战略深入实施。未来，随着电力市场竞争不断加剧，生态环境约束不断趋严，火电企业生存发展形势严峻。为推动火电企业提质增效，实现 30 · 60 低碳转型，贯彻落实集团公司“十四五”火电战略任务，应大力推进以燃煤电厂为纽带的多产业工业园区低碳节能和污染防治工作。在提供电、蒸汽、水、压缩空气等工业公共服务基础上，兜底消纳厂区周边多元有机固废，解决城市痛点问题。“火电 + 固废处置”联合打造智能循环经济与一体化工业园区示范，形成园区发展新模式，构建火电企业可持续、可复制的转型路径。